実務者のための PID制御設計

小山正人 著

森北出版

まえがき

　フィードバック制御系は古くから知られており，産業分野をはじめとしてさまざまな分野で適用されている．フィードバック制御系の設計においては，制御対象の動作を調べることができる数式の導出（数式モデル化）と，数式モデルを用いた制御式と制御パラメータ調整法の検討（制御設計）が必要である．

　制御対象の数式モデル化には，古典制御の基礎であるラプラス変換，ブロック線図，伝達関数の知識が必要であるが，市販されている多くの参考書では，これらは個別に説明されている．そのため，基礎知識だけでは制御対象の数式モデル化手法を理解することは難しい．また，古典制御の参考書には，伝達関数を用いた過渡応答や周波数応答の解析法も説明されている．しかし，これらの解析法をフィードバック制御系の制御設計にどのように適用するかを明確な手法として説明した参考書は見当たらない．

　そこで，本書では制御系の三つの基本要素である比例・積分・微分要素で構成される電気系と機械系を制御対象としたフィードバック制御系の設計方法について説明する．また，制御法としては，幅広い分野で適用されている PID 制御法を対象とする．

　まず，古典制御の基礎であるラプラス変換，ブロック線図，伝達関数について説明し，これらを用いた制御対象の数式モデル化手法を具体例に基づいて紹介する．制御器に比例・積分・微分要素を一つ以上含む制御系を PID 制御系とよぶと，制御対象によって構成が異なる複数の PID 制御器を適用することができる．そこでつぎに，制御対象を 1 次から 3 次まで次数によって区別して，それぞれの制御対象に適用可能な PID 制御器について説明する．さらに，周波数応答の解析手法の一つであるボード線図を用いた制御器のパラメータ（比例・積分・微分ゲイン）の設定手法を説明する．その後で，制御系の過渡応答を解析し，制御性能を評価する．本書で説明する設定手法は，片対数グラフ用紙を用いて机上でパラメータ設定できるという特長がある．

　なお，微分制御を行う場合，制御量の微分量が必要であるが，微分量が制御対象の状態変数に含まれる場合は，微分制御は現代制御における状態フィードバック制

御と等価となる．そこで，PID 制御系と現代制御の状態フィードバック制御やサーボ系との関連についても説明する．これによって，本書で説明するパラメータ設定手法は，状態フィードバック制御やサーボ系のパラメータ設定にも役立てることができる．

　本書は，実務でフィードバック制御系を設計する技術者や，これから古典制御やPID 制御を学びたい学生や若手技術者に役立つと思われる．最後に，本書の出版にあたり大変お世話になった森北出版株式会社の藤原祐介氏に厚く御礼申し上げます．

目　次

第1章

序　論

1.1　フィードバック制御系とは

　モータはロボットや機械の駆動用アクチュエータとして幅広く使用されている.
図 1.1 に，モータ制御系の構成を示す．目標値は指令値ともよばれる．モータの回
転角または回転速度が目標値となる．検出器で回転角または回転速度を検出して制
御回路に入力すると，制御回路は検出値が目標値に追従するような電圧目標値を電
源に出力する．電源は，目標値どおりの電圧をモータに印加する．これによって，
検出値は目標値に追従する．電源は直流モータの場合は直流電源，交流モータの場
合は交流電源となる．

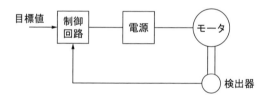

図 1.1　モータ制御系の構成

　つぎに，モータ制御系をブロック線図で表すと**図 1.2** となる．ブロック線図は制
御系における信号の流れを図示したものであり，矢印の向きが信号の流れを示す．
目標値に追従させたい制御対象の信号を制御量とよぶ．図 1.1 と比較すると，電源

図 1.2　モータ制御系（フィードバック制御系）のブロック線図

が操作部，モータが制御対象となる．制御量が検出されて制御器にフィードバックされることから，図1.2の構成の制御系はフィードバック制御系とよばれている．制御系には検出器のないものもあり，それらはフィードフォワード制御系とよばれる．

検出・制御・操作の一部またはすべてを人間が行う制御を手動制御とよび，すべてを装置が行う制御を自動制御とよぶ．本書では，自動制御のフィードバック制御系（自動制御系）を対象とする．自動制御系では制御器で演算する数式が必要である．この数式を求めるために，制御対象自体を数式を用いて表す必要がある．制御対象の動作を数式で表現することを数式モデル化とよぶ．自動制御系の設計においては，数式モデル化，制御式の導出，制御式に使用されるパラメータ（制御パラメータ）の設定が重要課題となる．

制御系の基本要素は，比例，積分，微分の三つである．これらに対応する電気系（電気回路）の基本要素は，抵抗，コンデンサ，リアクトルである．直進運動の機械系の場合は，粘性摩擦，質量，バネとなり，回転運動の機械系の場合は，粘性摩擦，慣性モーメント，ねじりバネとなる．本書では，これらの基本要素で構成される電気系と機械系を制御対象として，自動制御系の設計方法を説明する．説明内容の大部分は古典制御に含まれるが，現代制御との関連が理解できるように，現代制御の内容も一部取り込んでいる．

1.2　本書の構成

本書では，三つの基本要素で構成される電気系と機械系を制御対象とする．制御対象の数式モデルとしては，ブロック線図と伝達関数の二つがあり，ともにラプラス変換した数式が利用される．そこで，第2章では，制御系と電気系・機械系の基本要素の関係，および自動制御でよく使用される基本関数のラプラス変換についても説明する．

第3章では，具体的な電気系・機械系を例としてブロック線図の描き方を説明する．

第4章では，ブロック線図を結合して，指定された入力信号と出力信号の関係を示す伝達関数を求める方法を説明する．第3章と第4章では，以下に示す制御対象の数式モデル化手順を理解しやすくするために，電気系と機械系の例はそれぞれ同じにした．

- **手順1**：制御対象とする電気系や機械系を構成する基本要素の時間関数 (微分方程式) を求める.
- **手順2**：時間関数をラプラス変換する．さらに，指定された入力信号と出力信号の関係を表すブロック線図を描く.
- **手順3**：ブロック線図の結合ルールを適用して，ブロックが一つになるように変形する（ブロックの中の数式が求める伝達関数となる）.

　なお第4章では，時間関数から直接，伝達関数を求める方法や，伝達関数からブロック線図を求める方法も説明する．これらは現代制御理論の範疇に入る．第3章と第4章における例，ブロック線図，ブロック線図の結合の図と伝達関数を表1.1に示す.

表1.1　第3章と第4章の図の対応

例		ブロック線図		結合		伝達関数	
図 3.3	p.16	図 3.4	p.17	図 4.8	p.31	式 (4.18)	p.32
		図 3.5	p.17	図 4.9	p.32		
図 3.6	p.18	図 3.7	p.19	図 4.10	p.32	式 (4.19)	p.33
				図 4.11	p.33		
		図 4.17	p.42	—			
図 3.8	p.19	図 3.9	p.20	図 4.12	p.34	式 (4.21)	p.34
図 3.10	p.21	図 3.11	p.22	図 4.13	p.35	式 (4.22)	p.35
図 3.12	p.22	図 3.13	p.24	図 4.14	p.36	式 (4.23)	p.36
				図 4.15	p.37	式 (4.24)	p.37

　伝達関数を用いた応答解析には，過渡応答と周波数応答の二つがある．そこで，第5章では，ラプラス逆変換を用いた基本的な要素の過渡応答の求め方や特性について説明する．このとき，第4章で求めた伝達関数と基本的な要素の関係も示す．さらに，伝達関数と安定性との関係や安定判別方法についても説明する.

　第6章では，周波数応答について説明する．周波数応答を図示するためにボード線図やベクトル軌跡が用いられるが，本書では，ボード線図を利用したフィードバック制御系の設計方法を紹介する．そこで，基本的な要素のボード線図と折れ線近似のゲイン線図について詳しく説明する．さらに，ボード線図と安定性との関係についても説明する.

　第2章〜第6章は自動制御の基礎にあたる部分なので，理解を深めるために演習問題を設けている.

　第7章～第9章では，三つの基本要素から構成される電気系や機械系を制御対象としたフィードバック制御系の設計方法，すなわち制御器の構成およびゲインの設定方法について説明する．このとき，図1.2の操作部と検出器は係数が1の比例要素とみなす．

　第7章では，最初にフィードバック制御系の基本構成と，制御系の応答解析に必要な目標値応答と外乱応答の伝達関数について説明する．続いて，積分および1次の制御対象のフォードバック制御系の設計方法を紹介する．

　第8章では，2次の制御対象のフィードバック制御系の設計方法を紹介する．また，古典制御のI-PD制御は，現代制御のサーボ系と等価であることを示す．

　第9章では，3次の制御対象のフィードバック制御系の設計方法を紹介する．

　第7章～第9章で説明するボード線図を利用した制御設計法は，折れ線近似のゲイン線図を使用するので，片対数グラフ用紙があれば容易に制御器のゲイン設計ができるという特長がある．

　第10章では，3相交流の制御対象のフィードバック制御系の設計方法を説明する．制御対象の一例は3相交流モータであるが，3相の交流電圧・電流を回転座標軸上の直流成分に変換して，フィードバック制御系の設計が行われる．この場合には，第7章～第9章で紹介した設計方法を適用することができる．回転座標軸は直交2軸なので，二つの直流成分間の干渉を打ち消すことが3相交流の制御のポイントとなる．

第2章

制御系の基本要素と
ラプラス変換

　本章では，制御系の基本要素と，電気系・機械系の基本要素の関係について
説明する．制御対象のモデル化や，制御系の設計や応答解析には，ラプラス変
換した数式が使用される．そこで，制御系でよく用いられる基本的な関数と
制御系の基本要素のラプラス変換について説明する．

2.1　基本要素の表現

　制御系の基本要素は比例，積分，微分の三つであり，数式を用いると**表 2.1** のよ
うに表現できる．表 2.1 において，$x(t)$ は入力信号，$y(t)$ は出力信号，K は定数で
ある．本書では，このような数式を時間関数とよぶ．

表 2.1　制御系の基本要素の表現

基本要素	数式
比例	$y(t) = Kx(t)$
積分	$y(t) = K\displaystyle\int_0^t x(t)dt$
微分	$y(t) = K\dfrac{dx(t)}{dt}$

　つぎに，電気系の基本要素は抵抗，コンデンサ，リアクトルの三つで，これらは
表 2.2 のように表現できる．ここで，R, C, L は抵抗，コンデンサ，リアクトル
を示す．抵抗は，電流 $i(t)$ と電圧 $v(t)$ のいずれを入力としても比例要素となるが，
コンデンサとリアクトルは $i(t)$ と $v(t)$ のいずれを入力にするかによって，積分要
素と微分要素のいずれになるかが決まる．
　また，直進運動の機械系の基本要素は粘性摩擦，質量，バネの三つであり，**表 2.3**
のように表現できる．ここで，D は粘性摩擦係数，M は質量，K はバネ定数を示
す．粘性摩擦は，力 $f(t)$ と速度 $v(t)$ のいずれを入力としても比例要素となるが，

表 2.2 電気系の基本要素の表現

基本要素	入力：$i(t)$，出力：$v(t)$	入力：$v(t)$，出力：$i(t)$
抵抗	$v(t) = Ri(t)$	$i(t) = \dfrac{1}{R}v(t)$
コンデンサ	$v(t) = \dfrac{1}{C}\displaystyle\int_0^t i(t)dt$	$i(t) = C\dfrac{dv(t)}{dt}$
リアクトル	$v(t) = L\dfrac{di(t)}{dt}$	$i(t) = \dfrac{1}{L}\displaystyle\int_0^t v(t)dt$

表 2.3 直進運動の機械系の基本要素の表現

基本要素	入力：$f(t)$，出力：$v(t)$	入力：$v(t)$，出力：$f(t)$
粘性摩擦	$v(t) = \dfrac{1}{D}f(t)$	$f(t) = Dv(t)$
質量	$v(t) = \dfrac{1}{M}\displaystyle\int_0^t f(t)dt$	$f(t) = M\dfrac{dv(t)}{dt}$
バネ	$v(t) = \dfrac{1}{K}\dfrac{df(t)}{dt}$	$f(t) = K\displaystyle\int_0^t v(t)dt$

質量とバネは $f(t)$ と $v(t)$ のいずれを入力にするかによって，積分要素と微分要素のいずれになるかが決まる．

　さらに，回転運動の機械系の基本要素は粘性摩擦，慣性モーメント，ねじりバネの三つであり，**表 2.4** のように表現できる．ここで，D_r は粘性摩擦係数，J は慣性モーメント，K_r はねじりバネ定数を示す．粘性摩擦は，トルク $\tau(t)$ と回転速度 $\omega(t)$ のいずれを入力としても比例要素となるが，質量とバネは $\tau(t)$ と $\omega(t)$ のいずれを入力にするかによって，積分要素と微分要素のいずれになるかが決まる．

表 2.4 回転運動の機械系の基本要素の表現

基本要素	入力：$\tau(t)$，出力：$\omega(t)$	入力：$\omega(t)$，出力：$\tau(t)$
粘性摩擦	$\omega(t) = \dfrac{1}{D_r}\tau(t)$	$\tau(t) = D_r\omega(t)$
慣性モーメント	$\omega(t) = \dfrac{1}{J}\displaystyle\int_0^t \tau(t)dt$	$\tau(t) = J\dfrac{d\omega(t)}{dt}$
ねじりバネ	$\omega(t) = \dfrac{1}{K_r}\dfrac{d\tau(t)}{dt}$	$\tau(t) = K_r\displaystyle\int_0^t \omega(t)dt$

以上をまとめるとつぎのようになる．

- 電気系の基本量は電圧 $v(t)$ と電流 $i(t)$，直進運動の機械系の基本量は速度 $v(t)$ と力 $f(t)$，回転運動の機械系の基本量は回転速度 $\omega(t)$ とトルク $\tau(t)$ である．

- 電気系と機械系の基本要素と，制御系の基本要素との対応は，二つの基本量のいずれを入力信号にするかによって決まる．

2.2　ラプラス変換の定義

フィードバック制御系の設計においては，表 2.1〜2.4 に示された時間関数の代わりにラプラス変換した式を用いる．そこで，ラプラス変換について説明する．

時間関数 $f(t)$ のラプラス変換は次式で定義される．

$$F(s) = \mathcal{L}[f(t)] = \int_0^\infty f(t)e^{-st}dt \tag{2.1}$$

ここで，$\mathcal{L}[f(t)]$ は $f(t)$ のラプラス変換を示す．また，$f(t) = 0 \ (t < 0)$ とする．さらに，$s = \sigma + j\omega$（複素数）である．

2.3　基本関数のラプラス変換

2.3.1　単位ステップ関数

図 2.1 に単位ステップ関数を示す．時間関数は次式となる．

$$f(t) = 1 \tag{2.2}$$

式 (2.1) を用いると，以下のようにラプラス変換できる．

$$F(s) = \int_0^\infty e^{-st}dt = \left[-\frac{1}{s}e^{-st} \right]_0^\infty = -\frac{1}{s}\left(\lim_{t \to \infty} e^{-st} - 1 \right) \tag{2.3}$$

式 (2.3) は，$\mathrm{Re}[s] = \sigma > 0$ の定義域において収束し，次式となる．

$$F(s) = \frac{1}{s} \tag{2.4}$$

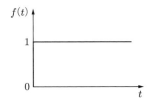

図 2.1　単位ステップ関数

2.3.2　指数関数

指数関数の時間関数を次式とする.

$$f(t) = e^{-at} \tag{2.5}$$

式 (2.1) を用いると，以下のようにラプラス変換できる.

$$F(s) = \int_0^\infty e^{-at}e^{-st}dt = \int_0^\infty e^{-(s+a)t}dt = \left[-\frac{1}{s+a}e^{-(s+a)t} \right]_0^\infty$$

$$= -\frac{1}{s+a}\left[\lim_{t\to\infty} e^{-(s+a)t} - 1 \right] \tag{2.6}$$

式 (2.6) は，$\mathrm{Re}[s+a] = \sigma + a > 0$ の定義域において収束し，次式となる.

$$F(s) = \frac{1}{s+a} \tag{2.7}$$

2.3.3　ランプ関数

図 2.2 にランプ関数を示す. ランプ関数は単位ステップ関数を積分したものであり，時間関数は次式で示される.

$$f(t) = t \tag{2.8}$$

ラプラス変換式は次式となる.

$$F(s) = \int_0^\infty te^{-st}dt \tag{2.9}$$

二つの時間関数 t と e^{-st} の積の積分を行うために，つぎの部分積分の公式を用いる.

$$\int p(t)\frac{dq(t)}{dt}dt = p(t)q(t) - \int q(t)\frac{dp(t)}{dt}dt \tag{2.10}$$

このとき，右辺第 2 項が二つの時間関数の積にならないように $p(t)$ と $q(t)$ を決める必要がある. そこで，

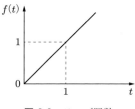

図 2.2　ランプ関数

$$p(t) = t, \qquad \frac{dq(t)}{dt} = e^{-st} \tag{2.11}$$

とおくと,

$$\frac{dp(t)}{dt} = 1, \qquad q(t) = -\frac{1}{s}e^{-st} \tag{2.12}$$

となる. よって,

$$F(s) = \left[-\frac{t}{s}e^{-st} \right]_0^\infty + \frac{1}{s} \int_0^\infty e^{-st}dt = -\frac{1}{s} \lim_{t \to \infty} te^{-st} + \frac{1}{s^2} \tag{2.13}$$

が得られる. 式 (2.13) は, $\mathrm{Re}[s] = \sigma > 0$ の定義域において収束し, 次式となる.

$$F(s) = \frac{1}{s^2} \tag{2.14}$$

2.3.4 正弦関数

正弦関数の時間関数は次式で示される.

$$f(t) = \sin \omega t \tag{2.15}$$

ラプラス変換式は次式となる.

$$F(s) = \int_0^\infty e^{-st} \sin \omega t dt \tag{2.16}$$

オイラーの公式

$$e^{j\omega t} = \cos \omega t + j \sin \omega t \tag{2.17}$$

を用いると,

$$\sin \omega t = \frac{e^{j\omega t} - e^{-j\omega t}}{2j} \tag{2.18}$$

よって,

$$\begin{aligned}
F(s) &= \frac{1}{2j} \int_0^\infty (e^{j\omega t} - e^{-j\omega t})e^{-st}dt \\
&= \frac{1}{2j} \left[\int_0^\infty e^{-(s-j\omega)t}dt - \int_0^\infty e^{-(s+j\omega)t}dt \right] \\
&= \frac{1}{2j} \left(\frac{1}{s-j\omega} - \frac{1}{s+j\omega} \right) = \frac{\omega}{s^2 + \omega^2} \tag{2.19}
\end{aligned}$$

が得られる.

表 2.5 に基本関数のラプラス変換を示す．表において，デルタ関数は単位ステップ関数を微分した関数で，次式で示される．

$$\delta(t) = \infty \ (t = 0), \qquad \delta(t) = 0 \ (t > 0) \tag{2.20}$$

表 2.5　基本関数のラプラス変換表

関数	時間関数 $f(t)$	ラプラス変換式 $F(s)$
デルタ	$\delta(t)$	1
単位ステップ	1	$\dfrac{1}{s}$
ランプ	t	$\dfrac{1}{s^2}$
指数	e^{-at}	$\dfrac{1}{s+a}$
	te^{-at}	$\dfrac{1}{(s+a)^2}$
正弦	$\sin \omega t$	$\dfrac{\omega}{s^2 + \omega^2}$
余弦	$\cos \omega t$	$\dfrac{s}{s^2 + \omega^2}$
減衰正弦	$e^{-at} \sin \omega t$	$\dfrac{\omega}{(s+a)^2 + \omega^2}$
減衰余弦	$e^{-at} \cos \omega t$	$\dfrac{s+a}{(s+a)^2 + \omega^2}$

2.4　基本要素のラプラス変換

制御系の基本要素は，比例，積分，微分の三つである．以下では，これらの要素のラプラス変換について説明する．

2.4.1　比例要素

比例要素の時間関数は次式で示される．

$$y(t) = Kx(t) \quad （K：定数） \tag{2.21}$$

ラプラス変換は次式となる．

$$\int_0^\infty y(t)e^{-st}dt = \int_0^\infty Kx(t)e^{-st}dt = K\int_0^\infty x(t)e^{-st}dt \tag{2.22}$$

よって,

$$Y(s) = KX(s) \tag{2.23}$$

と求められる.

2.4.2 積分要素

積分要素の時間関数は次式で示される.

$$y(t) = K \int_0^t x(t)dt \quad (K:定数) \tag{2.24}$$

ラプラス変換は次式となる.

$$Y(s) = \int_0^\infty \left[K \int_0^t x(t)dt \right] e^{-st}dt \tag{2.25}$$

右辺の計算をするために, 式 (2.10) の部分積分の公式を用いる. そこで,

$$p(t) = \int_0^t x(t)dt, \qquad \frac{dq(t)}{dt} = e^{-st} \tag{2.26}$$

とおくと,

$$\frac{dp(t)}{dt} = x(t), \qquad q(t) = -\frac{1}{s}e^{-st} \tag{2.27}$$

である. よって,

$$\begin{aligned} Y(s) &= K \left[-\frac{1}{s}e^{-st} \int_0^t x(t)dt \right]_0^\infty + \frac{K}{s} \int_0^\infty x(t)e^{-st}dt \\ &= -\frac{K}{s} \lim_{t \to \infty} \left[e^{-st} \int_0^t x(t)dt \right] + \frac{K}{s}X(s) \end{aligned} \tag{2.28}$$

となり, 右辺第 1 項が収束する s の定義域において次式が得られる.

$$Y(s) = \frac{K}{s}X(s) \tag{2.29}$$

2.4.3 微分要素

微分要素の時間関数は次式で示される.

$$y(t) = K\frac{dx(t)}{dt} \quad (K:定数) \tag{2.30}$$

ラプラス変換は次式となる.

$$Y(s) = \int_0^\infty K\frac{dx(t)}{dt}e^{-st}dt \tag{2.31}$$

ここでも右辺の計算をするために，式 (2.10) の部分積分の公式を用いる．

$$p(t) = e^{-st}, \quad \frac{dq(t)}{dt} = \frac{dx(t)}{dt} \tag{2.32}$$

とおくと，

$$\frac{dp(t)}{dt} = -se^{-st}, \qquad q(t) = x(t) \tag{2.33}$$

である．よって，

$$
\begin{aligned}
Y(s) &= K\left[x(t)e^{-st}\right]_0^\infty + Ks\int_0^\infty x(t)e^{-st}dt \\
&= K\lim_{t\to\infty}[x(t)e^{-st}] - Kx(0) + KsX(s)
\end{aligned}
\tag{2.34}
$$

となり，右辺第 1 項が収束する s の定義域において次式が得られる．

$$Y(s) = K[sX(s) - x(0)] \tag{2.35}$$

ここで，$x(0)$ は $t=0$ における $x(t)$ の値で，初期値とよばれる．

　同様の計算をすることで，$x(t)$ の初期値を 0 とすると，n 階微分の時間関数

$$y(t) = K\frac{d^n x(t)}{dt^n} \tag{2.36}$$

のラプラス変換は次式となる．

$$Y(s) = Ks^n X(s) \tag{2.37}$$

2.4.4　各要素の時間関数のラプラス変換の覚え方

　表 2.6 に各要素のラプラス変換の覚え方を示す．ただし本書では，各要素の入出力信号の記号にギリシャ文字（小文字）を使った場合は，ラプラス変換しても大文字に変換せず小文字のままとする．英文字を使った場合は大文字に変換する．

　表 2.5 において，デルタ関数を積分すると単位ステップ関数となり，単位ステップ関数を積分するとランプ関数となる．よって，デルタ関数のラプラス変換式は 1 なので，単位ステップ関数は $1/s$ となり，ランプ関数はさらに $1/s$ を掛けて $1/s^2$ となる．反対に，ランプ関数 $1/s^2$ から始めると，単位ステップ関数は s を掛けて $1/s$ となり，デルタ関数はさらに s を掛けて 1 となる．

表 2.6　各要素のラプラス変換の覚え方

1	$x(t) \implies X(s)$	x は大文字に，t は s に変える
2	$\dfrac{d}{dt} \implies s$	微分は s に変える（s を掛ける）
3	$\displaystyle\int_0^t dt \implies \dfrac{1}{s}$	積分 $\dfrac{1}{s}$ に変える（s で割る）
4	$K \implies K$	定数はそのまま
5	$x_o(t) \implies X_o(s)$	添え字はそのまま

また，正弦関数と余弦関数の間には次式が成り立つ．

$$\cos\omega t = \frac{1}{\omega} \cdot \frac{d\sin\omega t}{dt} \tag{2.38}$$

よって，$\cos\omega t$ のラプラス変換式は，$\sin\omega t$ のラプラス変換式に s を掛けてから ω で割れば求まる．反対に $\sin\omega t$ のラプラス変換式は，$\cos\omega t$ のラプラス変換式を s で割ってから ω を掛ければよい．

このようにラプラス変換においては，「微分は s を掛ける，積分は s で割る」ということをしっかり理解することが大切である．

演習問題

2.1　電気系と機械系の基本要素について，つぎの問いに答えよ．
  (1) 電気系の入力を電流，出力を電圧とする．このとき，積分要素と微分要素になる基本要素は何か．
  (2) 直進運動の機械系の入力を速度，出力を力とする．このとき，積分要素と微分要素になる基本要素は何か．
  (3) 回転運動の機械系の入力をトルク，出力を回転速度とする．このとき，積分要素と微分要素になる基本要素は何か．

2.2　つぎの関数 $f(t)$ のラプラス変換 $F(s)$ を求めよ．ただし，問 (3) はオイラーの公式を使わないこと．
  (1) $f(t) = 5t + 2$　　(2) $f(t) = te^{-3t}$　　(3) $f(t) = \sin\omega t$

2.3　つぎの時間関数をラプラス変換した式で表せ．ただし，$x_1(0) = x_2(0) = 0$ とする．
  (1) $y_1(t) = K_0 x_0(t) + K_1 \dfrac{dx_1(t)}{dt} + K_2 \dfrac{d^2 x_2(t)}{dt^2}$
  (2) $\displaystyle\int_0^t y_1(t)dt = K_0 \int_0^t x_0(t)dt + K_1 x_1(t) + K_2 \dfrac{dx_2(t)}{dt}$

第3章

伝達関数とブロック線図

　制御対象や制御系を数式で表現するために使用されるのが伝達関数で，図で表現するために使用されるのがブロック線図である．本章では，基本要素の伝達関とブロック線図について説明する．さらに，複数個の基本要素で構成される電気系や機械系のブロック線図の求め方について説明する．

3.1　伝達関数とブロック線図

　入力 $x(t)$ と出力 $y(t)$ の関係を次式のようにラプラス変換を用いて表現するとき，関数 $G(s)$ を伝達関数とよぶ．

$$Y(s) = G(s)X(s) \tag{3.1}$$

このとき，$x(t)$ と $y(t)$ の初期値は 0 とする．さらに，入力と出力の関係を**図 3.1** のように図示したものをブロック線図とよぶ．ブロックの中に入るのが伝達関数で，ブロックに向かってくる矢印が入力側，出ていく矢印が出力側を示す．$X(s)$ や $Y(s)$ の記号は矢印の上に書く．

図 3.1　ブロック線図

表 3.1　電気系の基本要素の伝達関数とブロック線図

基本要素	伝達関数	ブロック線図
抵抗	R	$I(s) \rightarrow \boxed{R} \rightarrow V(s)$
コンデンサ	$\dfrac{1}{Cs}$	$I(s) \rightarrow \boxed{\dfrac{1}{Cs}} \rightarrow V(s)$
リアクトル	Ls	$I(s) \rightarrow \boxed{Ls} \rightarrow V(s)$

たとえば，電気系の基本要素の伝達関数とブロック線図は**表 3.1** となる．ただし，入力は電流 $I(s)$，出力は電圧 $V(s)$ である．

3.2 複数個の基本要素を含む系のブロック線図の求め方

電気系や機械系には通常，複数個の基本要素が含まれる．そこで，複数個の基本要素で構成される系のブロック線図の求め方を以下に示す．

【ブロック線図の求め方】

- Step 1：基本要素ごとに時間関数を求める．
- Step 2：時間関数をラプラス変換する（微分は s を掛ける，積分は s で割る）．
- Step 3：ラプラス変換した式を用いて，指定された入力と出力の関係を表すブロック線図を描く．このとき，**図 3.2** のブロック線図の描き方に従う．
  - ・ブロックの数は基本要素の数と等しくなる
  - ・ブロック線図は出力側から描くと描きやすい

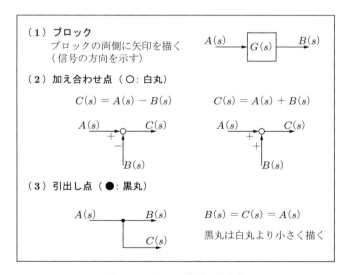

図 3.2　ブロック線図の描き方

3.3 　ブロック線図の求め方の例

3.3.1 　基本要素を二つ含む電気回路の例

図 3.3 に示す電気回路は，リアクトルと抵抗の基本要素を含む．図において，入力を $v_i(t)$，出力を $v_o(t)$ とする．

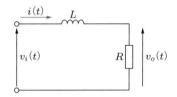

図 3.3 　基本要素を二つ含む電気回路

Step 1：時間関数を求める

基本要素はリアクトルと抵抗の二つである．それぞれについて時間関数を求めると次式となる．

$$L\frac{di(t)}{dt} = v_i(t) - v_o(t) \tag{3.2}$$

$$v_o(t) = Ri(t) \tag{3.3}$$

Step 2：ラプラス変換する

Step 1 で求めた時間関数を，表 2.6 (p.13) に従ってラプラス変換すると次式が得られる．

$$LsI(s) = V_i(s) - V_o(s) \tag{3.4}$$

$$V_o(s) = RI(s) \tag{3.5}$$

Step 3：ブロック線図を描く

指定された出力は $V_o(s)$ なので，Step 2 で求めた式の中からまず $V_o(s)$ を含む式を探す．式 (3.4)，(3.5) のどちらにも $V_o(s)$ が含まれるので，ここでは最初に式 (3.5) をブロック線図に描くと図 3.4(a) となる．

入力が $I(s)$ なので，式 (3.4) を $I(s) =$ の式に変形すると次式が得られ，ブロック線図は図 (b) となる．

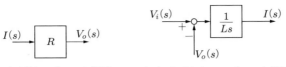

（a）抵抗のブロック線図　　　（b）リアクトルのブロック線図

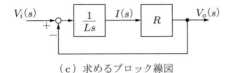

（c）求めるブロック線図

図 3.4　図 3.3 のブロック線図（1）

$$I(s) = \frac{1}{Ls}[V_i(s) - V_o(s)] \tag{3.6}$$

このとき，図 3.2 の加え合わせ点が使用されている．つぎに図 (a) と図 (b) を組み合わせて，図 3.2 の引出し点を用いると，求めるブロック線図は図 3.4(c) となる．

　最初に式 (3.4) を用いるときは，式 (3.4) を次式のように変形してからブロック線図を描くと**図 3.5**(a) となる．

$$V_o(s) = V_i(s) - LsI(s) \tag{3.7}$$

このとき，(s) がついた記号は信号なので，ブロックの中に書かないように注意する．$I(s)$ が入力として必要なので，式 (3.5) を $I(s) =$ の式に変形してからブロック線図を描くと，図 (b) となる．つぎに図 (a) と図 (b) を組み合わせると，求めるブロック線図は図 (c) となる．

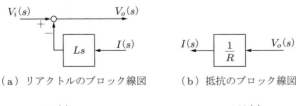

（a）リアクトルのブロック線図　　　（b）抵抗のブロック線図

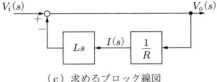

（c）求めるブロック線図

図 3.5　図 3.3 のブロック線図（2）

3.3.2　基本要素を三つ含む電気回路の例

図 3.6 に示す電気回路において，入力を $v_i(t)$，出力を $v_o(t)$ とするブロック線図の求め方を説明する．

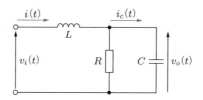

図 3.6　基本要素を三つ含む電気回路

Step 1：時間関数を求める

基本要素は抵抗，コンデンサ，リアクトルの三つである．それぞれについて時間関数を求めると次式となる．

$$R[i(t) - i_c(t)] = v_o(t) \tag{3.8}$$

$$\frac{1}{C} \int_0^t i_c(t)dt = v_o(t) \tag{3.9}$$

$$L\frac{di(t)}{dt} = v_i(t) - v_o(t) \tag{3.10}$$

Step 2：ラプラス変換する

Step 1 で求めた時間関数をラプラス変換すると次式が得られる．

$$R[I(s) - I_c(s)] = V_o(s) \tag{3.11}$$

$$\frac{1}{Cs}I_c(s) = V_o(s) \tag{3.12}$$

$$LsI(s) = V_i(s) - V_o(s) \tag{3.13}$$

Step 3：ブロック線図を描く

$V_o(s)$ は式 (3.11)〜(3.13) のいずれにも含まれるが，ここでは式 (3.12) を最初に使う場合を説明する．式 (3.12) を $V_o(s)$ を出力としてブロック線図に描くと**図 3.7**(a) となる．

入力として $I_c(s)$ が必要となるので，$I_c(s)$ を含む式 (3.11) を $I_c(s) =$ の式に変

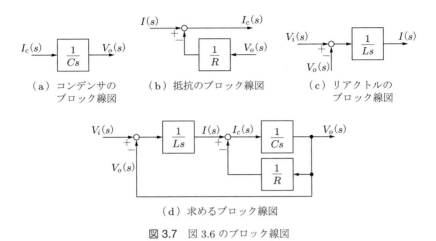

（a）コンデンサの
ブロック線図

（b）抵抗のブロック線図

（c）リアクトルの
ブロック線図

（d）求めるブロック線図

図 3.7 図 3.6 のブロック線図

形すると次式が得られる.

$$I_c(s) = I(s) - \frac{1}{R}V_o(s) \tag{3.14}$$

ブロック線図を描くと図 (b) となる.

入力として $I(s)$ が必要となるので,残った式 (3.13) を $I(s) =$ の式に変形すると次式が得られる.

$$I(s) = \frac{1}{Ls}[V_i(s) - V_o(s)] \tag{3.15}$$

ブロック線図は図 (c) となる.

最後に,図 (a)〜(c) を組み合わせると求めるブロック線図は図 (d) となる.なお,式 (3.11) を最初に使った場合は,式 (3.12) と式 (3.13) を使って,$I_c(s)$ と $I(s)$ を求めればよい.式 (3.13) を最初に使った場合は,式 (3.11) を使って $I(s)$ を求めてから,式 (3.12) を使って $I_c(s)$ を求めればよい.

3.3.3 基本要素を三つ含む直進運動の機械系の例

図 3.8 は二つの固体がバネで結合された直進運動の機械系である.二つの固体の

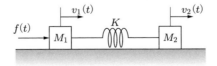

図 3.8 基本要素を三つ含む直進運動の機械系

質量をそれぞれ M_1, M_2, バネ定数を K とする. また, 固体と床との間の摩擦は無視する. さらに, 質量 M_1 の固体に作用する力を $f(t)$, 質量 M_1, M_2 の固体の速度をそれぞれ $v_1(t)$, $v_2(t)$ とする. このとき, 入力を $f(t)$, 出力を $v_1(t)$ とするブロック線図の求め方を説明する.

Step 1：時間関数を求める

基本要素は質量 M_1, M_2, バネ定数 K の三つである. それぞれについて時間関数を求めると次式が得られる.

$$M_1 \frac{dv_1(t)}{dt} = f(t) - f_b(t) \tag{3.16}$$

$$M_2 \frac{dv_2(t)}{dt} = f_b(t) \tag{3.17}$$

$$f_b(t) = K \left[\int_0^t v_1(t)dt - \int_0^t v_2(t)dt \right] \tag{3.18}$$

ここで, $f_b(t)$ はバネの伸び縮みによって質量 M_1, M_2 の固体に作用する力である.

Step 2：ラプラス変換する

Step 1 で求めた時間関数をラプラス変換すると次式が得られる.

$$M_1 s V_1(s) = F(s) - F_b(s) \tag{3.19}$$

$$M_2 s V_2(s) = F_b(s) \tag{3.20}$$

$$F_b(s) = \frac{K}{s} [V_1(s) - V_2(s)] \tag{3.21}$$

Step 3：ブロック線図を描く

出力の $V_1(s)$ は, 式 (3.19) と式 (3.21) に含まれる. ここでは, 式 (3.19) を最初

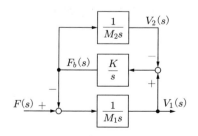

図 3.9　図 3.8 のブロック線図

に使ったときのブロック線図を**図 3.9** に示す．式 (3.19)，(3.21)，(3.20) の順に使うとブロック線図が描ける．

3.3.4 基本要素を四つ含む電気系の例

図 3.10 に示す電気回路において，入力を $v_i(t)$，出力を $i_o(t)$ とするブロック線図の求め方を説明する．

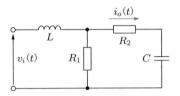

図 3.10 基本要素を四つ含む電気回路

Step 1：時間関数を求める

基本要素はリアクトル，コンデンサ，二つの抵抗の計四つである．それぞれについて時間関数を求めると次式となる．

$$L\frac{di(t)}{dt} = v_i(t) - v_{r1}(t) \tag{3.22}$$

$$R_1[i(t) - i_o(t)] = v_{r1}(t) \tag{3.23}$$

$$R_2 i_o(t) = v_{r2}(t) \tag{3.24}$$

$$\frac{1}{C}\int_0^t i_o(t)dt = v_{r1}(t) - v_{r2}(t) \tag{3.25}$$

これらの時間関数を求めるために追加した電圧と電流は，リアクトルの電流 $i(t)$，抵抗 R_1 の電圧 $v_{r1}(t)$，抵抗 R_2 の電圧 $v_{r2}(t)$ の三つである．

Step 2：ラプラス変換する

Step 1 で求めた時間関数をラプラス変換すると次式が得られる．

$$LsI(s) = V_i(s) - V_{r1}(s) \tag{3.26}$$

$$R_1[I(s) - I_o(s)] = V_{r1}(s) \tag{3.27}$$

$$R_2 I_o(s) = V_{r2}(s) \tag{3.28}$$

$$\frac{1}{Cs}I_o(s) = V_{r1}(s) - V_{r2}(s) \tag{3.29}$$

Step 3：ブロック線図を描く

　出力の $I_o(s)$ は式 (3.27)〜(3.29) に含まれる．ここでは，式 (3.28) を最初に使ったときのブロック線図を**図 3.11** に示す．式 (3.28)，(3.29)，(3.27)，(3.26) の順に使うとブロック線図が描ける．

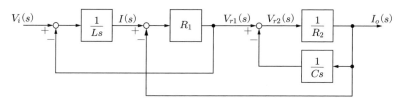

図 3.11 　図 3.10 のブロック線図

3.3.5 　回転運動の機械系の例（直流モータ）

　直流モータは電気エネルギーを機械エネルギー（回転エネルギー）に変換する手段である．**図 3.12** に直流モータのモデルを示す．図 (a) は電気部分，図 (b) は機械部分のモデルである．図 (a) において，L_a と R_a は電機子巻線のインダクタンスと抵抗，$v_e(t)$ は逆起電力，$v_a(t)$ は電機子電圧，$i_a(t)$ は電機子電流である．また図 (b) において，$\omega_m(t)$ は回転速度，$\tau_m(t)$ は発生トルク，$\tau_d(t)$ は負荷トルクである．さらに，回転子の慣性モーメントを J_m とする．

　ここでは，電機子電圧 $v_a(t)$ を入力，回転速度 $\omega_m(t)$ を出力としたときのブロック線図を求める．

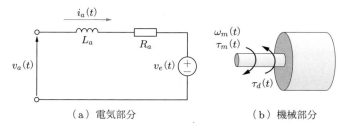

（a）電気部分 　　　　　（b）機械部分

図 3.12 　直流モータのモデル

Step 1：時間関数を求める

電気部分の基本要素は，電機子巻線のリアクトル L_a と抵抗 R_a である．図 3.12(a) から，つぎの時間関数が得られる．

$$L_a \frac{di_a(t)}{dt} = v_a(t) - v_r(t) - v_e(t) \tag{3.30}$$

$$v_r(t) = R_a i_a(t) \tag{3.31}$$

ここで，$v_r(t)$ は抵抗 R_a の電圧である．

また，機械部分の基本要素は，慣性モーメント J_m である．図 (b) から，つぎの時間関数が得られる．

$$J_m \frac{d\omega_m(t)}{dt} = \tau_m(t) - \tau_d(t) \tag{3.32}$$

さらに，電気エネルギーと機械エネルギーの変換に関して，次式が成り立つ．

$$v_e(t) = K_e \omega_m(t) \tag{3.33}$$

$$\tau_m(t) = K_t i_a(t) \tag{3.34}$$

ここで，K_e は逆起電力定数，K_t はトルク定数である．

K_e と K_t は比例要素とみなすことができるので，図 3.12 の直流モータの基本要素は全部で五つとなる．

Step 2：ラプラス変換する

Step 1 で求めた五つの時間関数をラプラス変換すると次式が得られる．

$$L_a s I_a(s) = V_a(s) - V_r(s) - V_e(s) \tag{3.35}$$

$$V_r(s) = R_a I_a(s) \tag{3.36}$$

$$J_m s \omega_m(s) = \tau_m(s) - \tau_d(s) \tag{3.37}$$

$$V_e(s) = K_e \omega_m(s) \tag{3.38}$$

$$\tau_m(s) = K_t I_a(s) \tag{3.39}$$

Step 3：ブロック線図を描く

出力の $\omega_m(s)$ は式 (3.37) と式 (3.38) に含まれる．ここでは，式 (3.37) を最初に使ったときのブロック線図を **図 3.13** に示す．式 (3.37), (3.39), (3.35), (3.36),

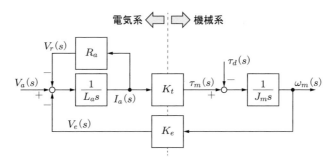

図 3.13　図 3.12 のブロック線図

(3.38) の順に使うとブロック線図が描ける．図 3.13 から，直流モータでは K_e と K_t の二つの比例要素を介して電気系と機械系が結合されていることがわかる．

3.4　ブロック線図の作成のまとめと補足

(1) 対象とする電気系 (電気回路) や機械系から基本要素を見つけて，要素ごとに時間関数を求める．

(2) 時間関数をラプラス変換して，出力側からブロック線図を描く．ブロックの数は，時間関数の数，つまり基本要素の数と一致する．

(3) 加え合わせ点の入力と出力は同じ基本量となる．ここで，電気系の基本量は電圧と電流，直進運動の機械系の基本量は速度と力，回転運動の機械系の基本量は回転速度とトルクである．

(4) ブロック線図を用いると，MATLAB/Simulink のような解析ツールによって，過渡応答解析を行うことができる．このときには，微分要素が含まれないブロック線図を用いることが望ましい．微分演算は計算誤差を生じやすいためである．

(5) ブロック線図を変形して伝達関数を求める場合は，微分要素と積分要素のいずれが含まれるブロック線図を用いてもよい．

演習問題

3.1　**図 3.14** の電気回路において，入力を $v_i(t)$，出力を $v_o(t)$ とするブロック線図を描け.

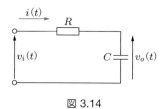

図 3.14

3.2　図 3.6 の電気回路において，入力を $v_i(t)$，出力を $v_o(t)$ とするブロック線図は三つ描くことができる．図 3.7(d) と異なるブロック線図を二つ描け.

3.3　図 3.6 の電気回路において，入力を $v_i(t)$，出力を $i_c(t)$ とするブロック線図を描け.

3.4　図 3.7(d) を変形して，入力を $v_i(t)$，出力を $i_c(t), i(t), i_R(t)$ とするブロック線図をそれぞれ描け．ここで，$i_R(t)$ は抵抗 R の電流で，図 3.7(d) において $1/R$ のブロックの出力である.

3.5　図 3.8 の機械系において，入力を $f(t)$，出力を $v_2(t)$ とするブロック線図を描け.

第4章

ブロック線図の結合

　前章ではブロック線図の描き方について説明した．入力信号を変化させたときの出力信号の応答として過渡応答と周波数応答の二つがあるが，これらの応答を調べるためには，入力信号と出力信号の関係を示す伝達関数が必要である．伝達関数を求めるためには，複数のブロックで構成されるブロック線図を一つのブロックに変形する必要がある．これをブロック線図の結合とよぶ．本章では，ブロック線図の結合方法について説明する．

　さらに，ブロック線図を用いずに時間関数から直接，伝達関数を求める方法や，伝達関数からブロック線図を求める方法についても説明する．これらは現代制御理論の範疇に入るが，古典制御理論との違いを理解するために紹介する．

4.1　ブロック線図の結合法則

　二つのブロックで構成されるブロック線図を一つのブロックで構成されるブロック線図に変形する法則として，直列結合，並列結合，フィードバック結合の3種類がある．

4.1.1　直列結合

　図 4.1 の左側のように入力 $X(s)$ と出力 $Y(s)$ との間に，伝達関数が $G_1(s)$，$G_2(s)$ の二つのブロックが直列接続されたものを直列結合とよぶ．$G_1(s)$ のブロックの出力を $Z(s)$ とすると次式が成り立つ．

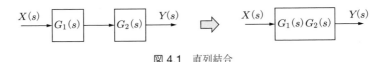

図 4.1　直列結合

$$Z(s) = G_1(s)X(s) \tag{4.1}$$

$$Y(s) = G_2(s)Z(s) \tag{4.2}$$

よって，式 (4.2) を式 (4.1) に代入すると次式が得られる．

$$Y(s) = G_1(s)G_2(s)X(s) \tag{4.3}$$

したがって，図の右側に示すブロック線図に変形できる．このとき，伝達関数 $G(s)$ は次式となる．

$$G(s) = \frac{Y(s)}{X(s)} = G_1(s)G_2(s) \tag{4.4}$$

4.1.2 並列結合

図 4.2 の左側のように，$X(s)$ を入力とする二つのブロックの出力が，加え合わせ点によって加算されたものを並列結合とよぶ．$G_1(s)$ のブロックの出力を $Z_1(s)$，$G_2(s)$ のブロックの出力を $Z_2(s)$ とすると次式が成り立つ．

$$Z_1(s) = G_1(s)X(s) \tag{4.5}$$

$$Z_2(s) = G_2(s)X(s) \tag{4.6}$$

$$Y(s) = Z_1(s) + Z_2(s) \tag{4.7}$$

よって，式 (4.5)，(4.6) を式 (4.7) に代入すると次式が得られる．

$$Y(s) = G_1(s)X(s) + G_2(s)X(s) = [G_1(s) + G_2(s)]X(s) \tag{4.8}$$

したがって，図の右側に示すブロック線図に変形できる．このとき，伝達関数 $G(s)$ は次式となる．

$$G(s) = \frac{Y(s)}{X(s)} = G_1(s) + G_2(s) \tag{4.9}$$

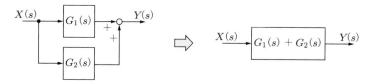

図 4.2　並列結合

4.1.3　フィードバック結合

　図4.3の左側の構成のブロック線図をフィードバック結合とよぶ．加え合わせ点と引出し点の位置が，並列結合と反対になっている．$G_2(s)$のブロックの出力を$Z(s)$とすると次式が成り立つ．

$$Y(s) = G_1(s)[X(s) - Z(s)] \tag{4.10}$$

$$Z(s) = G_2(s)Y(s) \tag{4.11}$$

よって，式(4.11)を式(4.10)に代入すると次式が得られる．

$$Y(s) = \frac{G_1(s)}{1 + G_1(s)G_2(s)}X(s) \tag{4.12}$$

したがって，図の右側に示すブロック線図に変形できる．このとき，伝達関数$G(s)$は次式となる．

$$G(s) = \frac{Y(s)}{X(s)} = \frac{G_1(s)}{1 + G_1(s)G_2(s)} \tag{4.13}$$

なお，電気系や機械系のブロック線図では**図4.4**のフィードバック結合がよく出てくる．これは図4.3において，$G_2(s) = 1$としたブロック線図である．

図 4.3　フィードバック結合

図 4.4　よく出てくるフィードバック結合

　ここで，並列結合とフィードバック結合の加え合わせ点の符号に注意が必要である．図4.2では「++」，図4.3では「+−」となっているが，どちらの図でも符号は「++」，「+−」，「−+」，「+−」の4通りがある．たとえば，図4.2で加え合わせ点の符号が「+−」の場合は，伝達関数$G(s)$は次式となる．

$$G(s) = G_1(s) - G_2(s) \tag{4.14}$$

また，図 4.3 で加え合わせ点の符号が「++」の場合は，伝達関数 $G(s)$ は次式となる．

$$G(s) = \frac{G_1(s)}{1 - G_1(s)G_2(s)} \tag{4.15}$$

二つのブロックの入力信号が同じで，出力信号を加え合わせ点で加減算するのが「並列結合」で，片方のブロックの入力信号に加え合わせ点を介して他方のブロックの出力信号が含まれるのが「フィードバック結合」である．

4.1.4 引出し点と加え合わせ点の移動

上記の結合法則を利用して二つのブロックを結合するために，引出し点や加え合わせ点の移動が必要な場合がある．**図 4.5** に引出し点の移動，**図 4.6** に加え合わせ点の移動を示す．いずれにおいても，ブロックの出力側から入力側に移動させる場合と，その反対の場合がある．移動前後で入力と出力の関係が変わらないように注意が必要である．たとえば，図 4.6(a) では，加え合わせ点の移動前後で次式の関係が満足されている．

$$Y(s) = G(s)X(s) - Z(s) \tag{4.16}$$

また，ブロック線図を描くと，一つの引出し点から三つ以上の信号が分岐する場合や，一つの加え合わせ点に三つ以上の信号が入力される場合がある．このときは **図 4.7** のように，一つの引出し点からは二つの信号が分岐されるように引出し点を

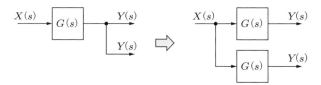

（a）出力側から入力側へ

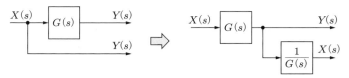

（b）入力側から出力側へ

図 4.5 引出し点の移動

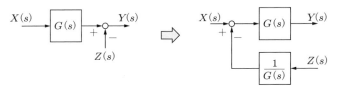

（a）出力側から入力側へ

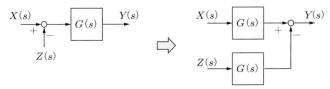

（b）入力側から出力側へ

図 4.6　加え合わせ点の移動

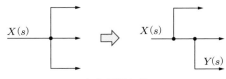

（a）引出し点

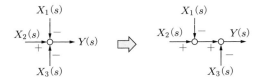

（b）加え合わせ点

図 4.7　引出し点と加え合わせ点の分割

分割したり，一つの加え合わせ点の入力信号は二つになるように加え合わせ点を分割したりすると，ブロック線図の結合が容易となる．

4.1.5　ブロック線図の結合方法

(1) ブロック線図に外部からの入力信号が複数含まれる場合，求めたい伝達関数の入力信号以外の入力信号はすべて 0 とする．

(2) ブロックは二つずつ結合する．結合したいブロックを破線で囲ったときに，入力と出力が一つずつであれば，結合法則（直列，並列，フィードバック）のいずれかを適用して一つのブロックに変形できる．

(3) 破線で囲った部分の入力や出力が二つ以上ある場合は，引出し点や加え合わせ点の移動・分割ルールを使って，入力と出力が一つずつになるようにブロック線図を変形する．

4.2 具体的なブロック線図の結合例

ここでは，前章で紹介した電気系や機械系のブロック線図の結合方法について説明する．

4.2.1 電気回路のブロック線図（図3.4）の結合

図4.8(a) に元のブロック線図を示す．$V_i(s)$ を入力，$V_o(s)$ を出力とする伝達関数 $G(s)$ を求める．まず，二つのブロックを破線で囲むと直列結合になっていることがわかる．そこで，直列結合法則を用いると図 (b) のブロック線図に変形できる．図 (b) は図4.4 のフィードバック結合となっているので，フィードバック結合法則を用いると一つのブロックに変形できて，求める伝達関数 $G(s)$ は次式となる．

$$G(s) = \frac{V_o(s)}{V_i(s)} = \frac{R}{Ls + R} \tag{4.17}$$

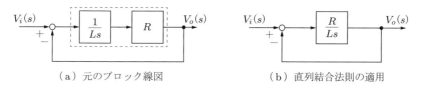

（a）元のブロック線図　　　　　　　　（b）直列結合法則の適用

図 4.8　図 3.4 (p.17) のブロック線図の結合

4.2.2 電気回路のブロック線図（図3.5）の結合

図4.9(a) に元のブロック線図を示す．$V_i(s)$ を入力，$V_o(s)$ を出力とする伝達関数 $G(s)$ を求める．まず，二つのブロックを破線で囲むと直列結合になっていることがわかる．そこで，直列結合法則を用いると図 (b) のブロック線図に変形できる．図 (b) は図4.3 で $G_1(s) = 1$ としたフィードバック結合となっているので，結合法則を用いると一つのブロックに変形できて，求める伝達関数 $G(s)$ は次式となる．

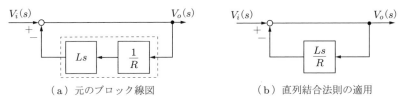

（a）元のブロック線図　　　　　（b）直列結合法則の適用

図 4.9　図 3.5 (p.17) のブロック線図の結合

$$G(s) = \frac{V_o(s)}{V_i(s)} = \frac{R}{Ls + R} \tag{4.18}$$

　図 4.8(a) と図 4.9(a) は同じ電気回路（図 3.3, p.16）のブロック線図である．式 (4.17) と式 (4.18) が一致することからわかるように，ブロック線図が異なっても伝達関数は同じになる．

4.2.3　電気回路のブロック線図（図 3.7）の結合

　図 4.10(a) に元のブロック線図を示す．$V_i(s)$ を入力，$V_o(s)$ を出力とする伝達

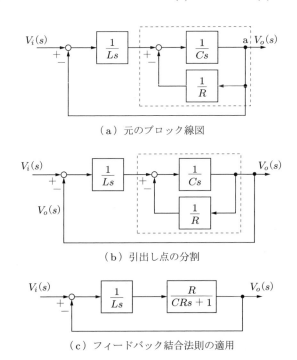

（a）元のブロック線図

（b）引出し点の分割

（c）フィードバック結合法則の適用

図 4.10　図 3.7 (p.19) のブロック線図の結合

関数 $G(s)$ を求める．まず，結合したい二つのブロックを破線で囲むと，破線部分に入ってくる矢印は一つで，出ていく矢印が二つあることがわかる．つまり入力が一つ，出力が二つになっている．そこで，出力を一つにするために，図 4.7 の引出し点 a の分割を行う．すると，図 4.10(b) のブロック線図に変形できる．図 (b) の破線で囲った部分はフィードバック結合になっているので，結合法則を適用すると図 (c) のブロック線図に変形できる．すると図 4.8(a) と同じ構成のブロック図が得られるので，直列結合とフィードバック結合の法則を適用すると，一つのブロックに変形することができる．よって，求める伝達関数 $G(s)$ は次式となる．

$$G(s) = \frac{V_o(s)}{V_i(s)} = \frac{R}{LCRs^2 + Ls + R} \tag{4.19}$$

つぎに，**図 4.11** を用いて別の結合方法を説明する．今度は，図 (a) の二つのブロックを結合するために破線で囲むと，入力が二つで出力が一つになっている．そこで，入力を一つにするために，図 4.6 の加え合わせ点の移動を行う．すると，図 4.11(b) のブロック線図に変形できる．図 (b) の破線で囲った部分は，引出し点の

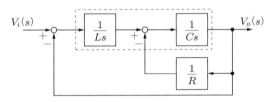

（a）元のブロック線図

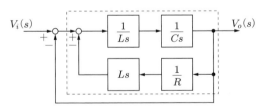

（b）加え合わせ点の移動

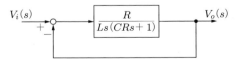

（c）直列結合法則とフィードバック結合法則の適用

図 4.11　図 3.7 (p.19) のブロック線図の結合（別の方法）

移動を 1 回行い，直列結合法則を 2 回，フィードバック結合法則を 1 回適用すると一つのブロックに変形でき，図 (c) のブロック線図が得られる．さらにフィードバック結合法則を適用すると，一つのブロックに変形することができる．よって，求める伝達関数 $G(s)$ は次式となり，式 (4.19) と一致することがわかる．

$$G(s) = \frac{V_o(s)}{V_i(s)} = \frac{R}{LCRs^2 + Ls + R} \tag{4.20}$$

4.2.4　機械系のブロック線図（図 3.9）の結合

図 **4.12**(a) に元のブロック線図を示す．$F(s)$ を入力，$V_1(s)$ を出力とする伝達関数 $G(s)$ を求める．まず，二つのブロックを破線で囲むとフィードバック結合になっていることがわかる．そこでフィードバック結合法則を用いると，図 (b) のブロック線図に変形できる．図 (b) もまたフィードバック結合となっているので，一つのブロックに変形できて，求める伝達関数 $G(s)$ は次式となる．

$$G(s) = \frac{V_1(s)}{F(s)} = \frac{M_2 s^2 + K}{M_1 M_2 s^2 + K(M_1 + M_2)s} \tag{4.21}$$

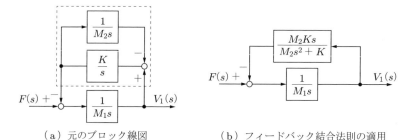

（ａ）元のブロック線図　　　　　　（ｂ）フィードバック結合法則の適用

図 4.12　図 3.9 (p.20) のブロック線図の結合

4.2.5　電気回路のブロック線図（図 3.11）の結合

図 **4.13**(a) に元のブロック線図を示す．$V_i(s)$ を入力，$I_o(s)$ を出力とする伝達関数 $G(s)$ を求める．まず，二つのブロックを破線で囲むと入力が一つ，出力が二つなので引出し点の移動によって出力を一つにすると，フィードバック結合法則を適用することによって，図 (b) のブロック線図に変形できる．つぎに，図 (b) の二つのブロックを破線で囲むと入力が一つ，出力が二つなので，引出し点 a を引出し点 b の右側まで移動させると，図 (c) のブロック線図に変形できる．図 (c) の破線部

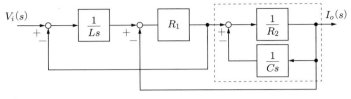

（a）元のブロック線図

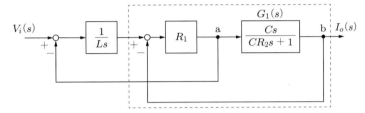

（b）引出し点の移動とフィードバック結合法則の適用

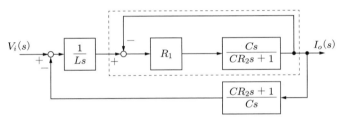

（c）引出し点の移動

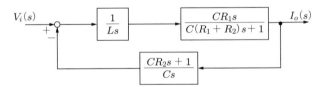

（d）直列結合法則とフィードバック結合法則の適用

図 4.13 図 3.11 (p.22) のブロック線図の結合

分は，直列結合とフィードバック結合の法則を適用すると一つのブロックに変形できるので，図 (d) のブロック線図が得られる．図 (d) に直列結合とフィードバック結合の法則を適用すると一つのブロックに変形できて，求める伝達関数 $G(s)$ は次式となる．

$$G(s) = \frac{V_o(s)}{V_i(s)} = \frac{CR_1 s}{LC(R_1 + R_2)s^2 + (L + CR_1R_2)s + R_1} \quad (4.22)$$

4.2.6　直流モータのブロック線図（図 3.13）の結合

　図 3.13 (p.24) に示された直流モータのブロック線図を結合して，$V_a(s)$ を入力，$\omega_m(s)$ を出力とする伝達関数 $G(s)$ を求める．まず，図 3.13 で負荷トルク $\tau_d(s)$ を 0 とすると，**図 4.14**(a) のブロック線図となる．二つのブロックを破線で囲むと，入力が二つ，出力が一つなので，加え合わせ点を分割すると図 (b) のブロック線図に変形できる．また，図 (b) の破線部分にフィードバック結合法則を適用し，一点鎖線部分に直列結合法則を適用すると，それぞれ一つのブロックに変形できて図 (c) のブロック線図が得られる．さらに，直列結合法則とフィードバック結合法則を適用すると，一つのブロックに変形できて，求める伝達関数 $G(s)$ は次式となる．

$$G(s) = \frac{\omega_m(s)}{V_a(s)} = \frac{K_t}{J_m L_a s^2 + J_m R_a s + K_e K_t} \tag{4.23}$$

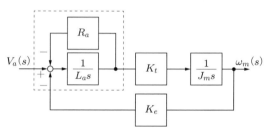

（ａ）元のブロック線図

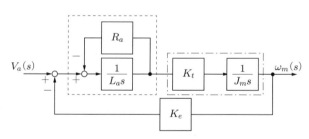

（ｂ）加え合わせ点の分割

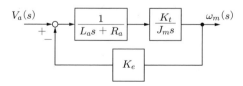

（ｃ）フィードバック結合法則と直列結合法則の適用

図 4.14　図 3.13 (p.24) のブロック線図の結合（入力は電機子電圧）

つぎに，$\tau_d(s)$ を入力，$\omega_m(s)$ を出力とする伝達関数 $G(s)$ を求めてみる．まず，図 3.13 で電機子電圧 $V_a(s)$ を 0 として，$\tau_d(s)$ が左側から入力されるようにブロック線図を変形すると，**図 4.15**(a) となる．図 (a) はフィードバック結合法則と直列結合法則を適用すると図 (b) のブロック線図に変形できる．さらにフィードバック結合法則を適用すると，一つのブロックに変形できて，求める伝達関数 $G(s)$ は次式となる．

$$G(s) = \frac{\omega_m(s)}{\tau_d(s)} = -\frac{L_a s + R_a}{J_m L_a s^2 + J_m R_a s + K_e K_t} \tag{4.24}$$

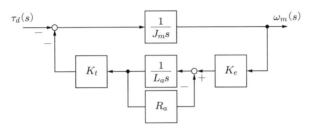

（a）負荷トルクを入力とするブロック線図

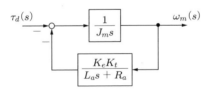

（b）フィードバック結合法則と直列結合法則の適用

図 4.15　図 3.13 (p.24) のブロック線図の結合（入力は負荷トルク）

4.3　ブロック線図の結合法則のまとめ

(1) 図 4.1〜4.4 の結合法則は二つのブロックを一つに変形する方法なので，対象とするブロック線図の中で二つのブロックを破線で囲む．

(2) 囲ったブロックの入力と出力が一つずつであれば，結合法則を適用することができる．

(3) 囲ったブロックの入力と出力のいずれかが二つ以上になった場合は，図 4.5〜4.7 の引出し点・加え合わせ点の移動や分割を行って，囲ったブロックの入力と出力が一つずつになるようにブロック線図を変形すると，結合法則を

適用することができる.

(4) 上記の (1)～(3) を繰り返すと，最終的にブロックは一つとなり伝達関数が得られる.

(5) 4.2.3 項で説明したように，ブロック線図の変形方法は一つとは限らない.ただし，変形方法が異なっても得られる伝達関数は同じになる.

4.4　伝達関数のほかの求め方

ブロック線図の結合は，入力と出力の関係を示す伝達関数を求めるための方法であるが，伝達関数は時間関数を使って直接求めることもできる. この方法を図 3.6 (p.18) の電気回路を例として説明する. 時間関数を再度，以下に示す.

$$R[i(t) - i_c(t)] = v_o(t) \tag{4.25}$$

$$\frac{1}{C}\int_0^t i_c(t)dt = v_o(t) \tag{4.26}$$

$$L\frac{di(t)}{dt} = v_i(t) - v_o(t) \tag{4.27}$$

式 (4.25)～(4.27) を変形し，行列形式で表現すると次式が得られる.

$$\frac{d}{dt}\begin{bmatrix} i(t) \\ v_o(t) \end{bmatrix} = \begin{bmatrix} 0 & -\dfrac{1}{L} \\ \dfrac{1}{C} & -\dfrac{1}{CR} \end{bmatrix}\begin{bmatrix} i(t) \\ v_o(t) \end{bmatrix} + \begin{bmatrix} \dfrac{1}{L} \\ 0 \end{bmatrix} v_i(t) \tag{4.28}$$

$$v_o(t) = \begin{bmatrix} 0 & 1 \end{bmatrix}\begin{bmatrix} i(t) \\ v_o(t) \end{bmatrix} \tag{4.29}$$

ここで，

$$\boldsymbol{A} = \begin{bmatrix} 0 & -\dfrac{1}{L} \\ \dfrac{1}{C} & -\dfrac{1}{CR} \end{bmatrix}, \quad \boldsymbol{b} = \begin{bmatrix} \dfrac{1}{L} \\ 0 \end{bmatrix}, \quad \boldsymbol{c} = \begin{bmatrix} 0 & 1 \end{bmatrix} \tag{4.30}$$

とおいて，式 (4.28) と式 (4.29) をラプラス変換すると次式が得られる. ただし，$i(0) = 0$, $v_o(0) = 0$ とする.

$$(s\boldsymbol{I} - \boldsymbol{A})\begin{bmatrix} I(s) \\ V_o(s) \end{bmatrix} = \boldsymbol{b}V_i(s) \tag{4.31}$$

$$V_o(s) = \boldsymbol{c} \left[\begin{array}{c} I(s) \\ V_o(s) \end{array} \right] \tag{4.32}$$

ここで，$\boldsymbol{I}$ は単位行列である．式 (4.31) の両辺に左から逆行列 $(s\boldsymbol{I} - \boldsymbol{A})^{-1}$ を掛けると，

$$\left[\begin{array}{c} I(s) \\ V_o(s) \end{array} \right] = (s\boldsymbol{I} - \boldsymbol{A})^{-1}\boldsymbol{b}V_i(s) \tag{4.33}$$

となるので，これを式 (4.32) に代入すると次式が得られる．

$$V_o(s) = \boldsymbol{c}(s\boldsymbol{I} - \boldsymbol{A})^{-1}\boldsymbol{b}V_i(s) \tag{4.34}$$

したがって，$V_i(s)$ を入力，$V_o(s)$ を出力としたときの伝達関数は次式となる．

$$G(s) = \boldsymbol{c}(s\boldsymbol{I} - \boldsymbol{A})^{-1}\boldsymbol{b} \tag{4.35}$$

式 (4.30) を代入すると，

$$(s\boldsymbol{I} - \boldsymbol{A})^{-1} = \frac{1}{s^2 + \dfrac{1}{CR}s + \dfrac{1}{LC}} \left[\begin{array}{cc} s + \dfrac{1}{CR} & \dfrac{1}{L} \\ -\dfrac{1}{C} & s \end{array} \right] \tag{4.36}$$

となるので，

$$G(s) = \frac{\dfrac{1}{LC}}{s^2 + \dfrac{1}{CR}s + \dfrac{1}{LC}} = \frac{R}{LCRs^2 + Ls + R} \tag{4.37}$$

となり，式 (4.20) と一致する．

　一般に，$\boldsymbol{x}(t)$ を状態変数ベクトルとしたとき，下記の式 (4.38) を状態方程式，式 (4.39) を出力方程式とよぶ．これらを合わせて状態空間表現とよび，この表現は現代制御でよく使用される．

$$\frac{d\boldsymbol{x}(t)}{dt} = \boldsymbol{A}\boldsymbol{x}(t) + \boldsymbol{b}u(t) \tag{4.38}$$

$$y(t) = \boldsymbol{c}\boldsymbol{x}(t) \tag{4.39}$$

ここで，$\boldsymbol{A}$ を係数行列，$\boldsymbol{b}$ を入力ベクトル，$\boldsymbol{c}$ を出力ベクトルとよぶ．また，$\boldsymbol{x}(t)$ の各要素を状態変数とよぶ．

　電気系や機械系では，時間関数が微分式となる基本量が状態変数となる．図 3.6

の電気回路では，式 (4.27) は微分式になっているので，電流 $i(t)$ が状態変数となる．一方，式 (4.26) は積分式になっているので，両辺を微分して次式に変形する．

$$\frac{dv_o(t)}{dt} = \frac{1}{C} i_c(t) \tag{4.40}$$

よって，電圧 $v_o(t)$ がもう一つの状態変数となる．式 (4.25) を用いて，式 (4.40) から $i_c(t)$ を消去し，式 (4.27) と合わせて行列形式で表現したものが式 (4.28) である．さらに，$v_i(t)$ が入力 $u(t)$，$v_o(t)$ が出力 $y(t)$ となる．伝達関数 $G(s)$ は式 (4.35) を用いて求めることができる．

4.5　伝達関数からブロック線図を求める方法

一般的に伝達関数は次式で表現できる．

$$G(s) = \frac{Y(s)}{U(s)} = \frac{b_{n-1}s^{n-1} + \cdots + b_1 s + b_0}{s^n + a_{n-1}s^{n-1} + \cdots + a_1 s + a_0} \tag{4.41}$$

伝達関数の分母が 3 次の場合を例としてブロック線図の求め方を説明する．このときは，次式のように $X(s)$ を導入する．

$$X(s) = \frac{1}{s^3 + a_2 s^2 + a_1 s + a_0} U(s) \tag{4.42}$$

$$Y(s) = (b_2 s^2 + b_1 s + b_0) X(s) \tag{4.43}$$

式 (4.42) を変形すると次式になる．

$$(s^3 + a_2 s^2 + a_1 s + a_0) X(s) = U(s) \tag{4.44}$$

さらに，式 (2.36)，(2.37) の関係を利用して微分方程式に変換すると次式が得られる．

$$\frac{d^3 x(t)}{dt^3} + a_2 \frac{d^2 x(t)}{dt^2} + a_1 \frac{dx(t)}{dt} + a_0 x(t) = u(t) \tag{4.45}$$

式 (4.45) をつぎのように変形する．

$$\frac{d^3 x(t)}{dt^3} = -a_2 \frac{d^2 x(t)}{dt^2} - a_1 \frac{dx(t)}{dt} - a_0 x(t) + u(t) \tag{4.46}$$

3 次の伝達関数なので状態変数は三つとなる．そこで，三つの状態変数を次式とする．

$$x_1(t) = x(t) \tag{4.47}$$

$$x_2(t) = \frac{dx_1(t)}{dt}\left(= \frac{dx(t)}{dt}\right) \tag{4.48}$$

$$x_3(t) = \frac{dx_2(t)}{dt}\left(= \frac{d^2x(t)}{dt^2}\right) \tag{4.49}$$

すると，式 (4.46) は状態変数を用いてつぎのように表現できる.

$$\frac{dx_3(t)}{dt} = -a_2 x_3(t) - a_1 x_2(t) - a_0 x_1(t) + u(t) \tag{4.50}$$

よって，式 (4.48)〜(4.50) からつぎの状態方程式が得られる.

$$\frac{d}{dt}\left[\begin{array}{c} x_1(t) \\ x_2(t) \\ x_3(t) \end{array}\right] = \left[\begin{array}{ccc} 0 & 1 & 0 \\ 0 & 0 & 1 \\ -a_0 & -a_1 & -a_2 \end{array}\right]\left[\begin{array}{c} x_1(t) \\ x_2(t) \\ x_3(t) \end{array}\right] + \left[\begin{array}{c} 0 \\ 0 \\ 1 \end{array}\right]u(t) \tag{4.51}$$

つぎに，式 (4.43) を微分方程式に変換すると次式になる.

$$y(t) = b_2\frac{d^2x(t)}{dt^2} + b_1\frac{dx(t)}{dt} + b_0x(t) \tag{4.52}$$

式 (4.47)〜(4.49) からつぎの出力方程式が得られる.

$$y(t) = \left[\begin{array}{ccc} b_0 & b_1 & b_2 \end{array}\right]\left[\begin{array}{c} x_1(t) \\ x_2(t) \\ x_3(t) \end{array}\right] \tag{4.53}$$

つぎに，式 (4.51) と式 (4.53) をラプラス変換すると次式になる.

$$s\left[\begin{array}{c} X_1(s) \\ X_2(s) \\ X_3(s) \end{array}\right] = \left[\begin{array}{ccc} 0 & 1 & 0 \\ 0 & 0 & 1 \\ -a_0 & -a_1 & -a_2 \end{array}\right]\left[\begin{array}{c} X_1(s) \\ X_2(s) \\ X_3(s) \end{array}\right] + \left[\begin{array}{c} 0 \\ 0 \\ 1 \end{array}\right]U(s) \tag{4.54}$$

$$Y(s) = \left[\begin{array}{ccc} b_0 & b_1 & b_2 \end{array}\right]\left[\begin{array}{c} X_1(s) \\ X_2(s) \\ X_3(s) \end{array}\right] \tag{4.55}$$

式 (4.54)，(4.55) からブロック線図を描くと**図 4.16** となる.

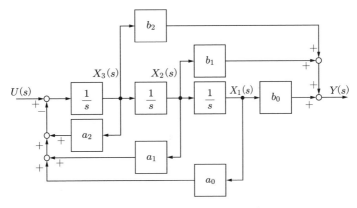

図 4.16　3 次の伝達関数のブロック線図

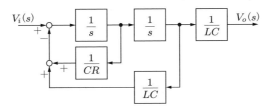

図 4.17　図 3.6 の電気回路のブロック線図

　この方法により，式 (4.37) を用いて図 3.6 の電気回路のブロック線図を描くと**図 4.17** となる．

　以上のように，電気系や機械系のブロック線図や伝達関数を求める方法は複数あるので，目的に応じて方法を選ぶ必要がある．時間関数をラプラス変換してブロック線図を求めてからブロック線図を結合して伝達関数を求める方法は古典制御，時間関数から状態変数空間表現を求めて行列演算によって伝達関数を求める方法は現代制御に分類されている．なお，伝達関数からブロック線図を求めた場合は，各ブロックと元の電気系や機械系の基本要素との関係がなくなることに注意する必要がある．

演習問題

4.1　**図 4.18**(a)～(d) のブロック線図を変形して，$X(s)$ を入力，$Y(s)$ を出力とする伝達関数 $G(s)$ をそれぞれ求めよ．

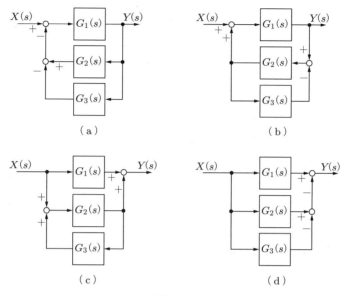

図 4.18

4.2　**図 4.19** のブロック線図を変形して，$X(s)$ を入力，$Y(s)$ を出力とする伝達関数 $G(s)$ を求めよ．

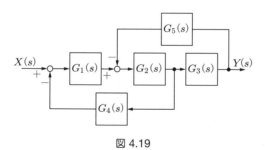

図 4.19

4.3　図 4.16 のブロック線図を結合して，$U(s)$ を入力，$Y(s)$ を出力とする伝達関数 $G(s)$ を求めよ．

4.4　式 (4.23) の直流モータの伝達関数から，$V_a(s)$ を入力，$\omega_m(s)$ を出力とするブロック線図を描け．ただし，4.5 節の方法を用いること．

第5章

過渡応答と安定性

　入力 $x(t)$ が時間的に変化したときの出力 $y(t)$ の応答を過渡応答とよぶ.
$x(t)$ がデルタ関数の場合はインパルス応答, ステップ関数の場合はステップ
応答またはインディシャル応答, ランプ関数の場合はランプ応答とよばれる.
本章では, 伝達関数とラプラス逆変換を用いた過渡応答の求め方について説
明する. さらに, 伝達関数と安定性との関係や安定判別方法についても説明
する.

5.1　過渡応答の求め方

　3.1 節で説明したように, 入力 $x(t)$ と出力 $y(t)$ の関係はラプラス変換を用いて
次式で示される.

$$Y(s) = G(s)X(s) \tag{5.1}$$

ここで, $G(s)$ は伝達関数である.
　よって, $y(t)$ は式 (5.1) をラプラス逆変換することによって求められる.

$$y(t) = \mathcal{L}^{-1}[Y(s)] = \mathcal{L}^{-1}[G(s)X(s)] \tag{5.2}$$

ここで, $\mathcal{L}^{-1}[Y(s)]$ は $Y(s)$ のラプラス逆変換を表す.
　式 (2.1) のラプラス変換の定義式より, 次式が成り立つ.

$$\begin{aligned}
\mathcal{L}[f_1(t) + f_2(t)] &= \int_0^\infty [f_1(t) + f_2(t)]e^{-st}dt \\
&= \int_0^\infty f_1(t)e^{-st}dt + \int_0^\infty f_2(t)e^{-st}dt \\
&= F_1(s) + F_2(s)
\end{aligned} \tag{5.3}$$

すなわち，二つの関数 $f_1(t)$，$f_2(t)$ の和のラプラス変換は，それぞれの関数のラプラス変換の和になる．よって，次式のラプラス逆変換が成り立つ．

$$\mathcal{L}^{-1}[F_1(s) + F_2(s)] = \mathcal{L}^{-1}[F_1(s)] + \mathcal{L}^{-1}[F_2(s)] = f_1(t) + f_2(t) \quad (5.4)$$

つまり，ラプラス変換された二つの関数 $F_1(s)$，$F_2(s)$ の和のラプラス逆変換は，それぞれの関数のラプラス逆変換の和になる．

一方，二つの関数 $f_1(t)$，$f_2(t)$ の積のラプラス変換式は式 (5.5) となるが，式 (5.6) に示されたそれぞれのラプラス変換式の積とは一致しない．

$$\mathcal{L}[f_1(t)f_2(t)] = \int_0^\infty [f_1(t) \cdot f_2(t)]e^{-st}dt \qquad (5.5)$$

$$\mathcal{L}[f_1(t)] \cdot \mathcal{L}[f_2(t)] = \left[\int_0^\infty f_1(t)e^{-st}dt\right] \times \left[\int_0^\infty f_2(t)e^{-st}dt\right] \quad (5.6)$$

よって，ラプラス逆変換について次式は成り立たない．

$$\mathcal{L}^{-1}[F_1(s)F_2(s)] = \mathcal{L}^{-1}[F_1(s)] \times \mathcal{L}^{-1}[F_2(s)] \qquad (5.7)$$

以上のことから，式 (5.2) の $G(s)X(s)$ は次式のように関数の和の形に変形する必要がある．

$$G(s)X(s) = H_1(s) + H_2(s) + \cdots \qquad (5.8)$$

第 4 章で説明したように，$G(s)$ は通常，分数になるので $G(s)X(s)$ も分数になる．そこで，式 (5.8) の変形を行うために部分分数分解が用いられる．さらに，得られた各項を表 2.5 (p.10) のラプラス変換表を用いて時間関数に変換すると，出力 $y(t)$ の式を求めることができる．

5.2　基本的な要素のステップ応答

ここでは，電気系や機械系のフィードバック制御系でよく見かける基本的な要素のステップ応答について説明する．入力 $x(t)$ が表 2.5 の単位ステップ関数のときの応答は「単位ステップ応答」ともよばれるが，本書では「ステップ応答」とよぶ．$X(s)$ は次式となる．

$$X(s) = \frac{1}{s} \qquad (5.9)$$

5.2.1　比例要素のステップ応答

比例要素の伝達関数 $G(s)$ は次式で示される.

$$G(s) = K \tag{5.10}$$

よって, 式 (5.2) より, $y(t)$ は次式となる.

$$y(t) = \mathcal{L}^{-1}\left[\frac{K}{s}\right] = K \cdot \mathcal{L}^{-1}\left[\frac{1}{s}\right] = K \tag{5.11}$$

5.2.2　積分要素のステップ応答

積分要素の伝達関数 $G(s)$ は次式で示される.

$$G(s) = \frac{K}{s} \tag{5.12}$$

よって, 式 (5.2) より, $y(t)$ は次式となる.

$$y(t) = \mathcal{L}^{-1}\left[\frac{K}{s^2}\right] = K \cdot \mathcal{L}^{-1}\left[\frac{1}{s^2}\right] = Kt \tag{5.13}$$

5.2.3　微分要素のステップ応答

微分要素の伝達関数 $G(s)$ は次式で示される.

$$G(s) = Ks \tag{5.14}$$

よって, 式 (5.2) より, $y(t)$ は次式となる.

$$y(t) = \mathcal{L}^{-1}\left[Ks \cdot \frac{1}{s}\right] = K \cdot \mathcal{L}^{-1}[1] = K\delta(t) \tag{5.15}$$

　以上のように, 基本要素のステップ応答は表 2.5 を用いて容易に求めることができる.

5.2.4　1 次遅れ要素のステップ応答

伝達関数が次式で示される要素を 1 次遅れ要素とよぶ.

$$G(s) = \frac{1}{1 + Ts} \tag{5.16}$$

ここで, T は時定数とよばれる.

　式 (5.2) より, $y(t)$ は次式となる.

$$y(t) = \mathcal{L}^{-1}\left[\frac{1}{1+Ts} \cdot \frac{1}{s}\right] = \mathcal{L}^{-1}\left[\frac{1}{s(1+Ts)}\right] \tag{5.17}$$

このラプラス逆変換を行うために，つぎの部分分数分解を行って，A と B の値を求める．

$$\frac{1}{s(1+Ts)} = \frac{A}{s} + \frac{B}{1+Ts} \tag{5.18}$$

A と B の求め方は以下の 2 通りがある．

（a）係数比較法

式 (5.18) の右辺を通分すると次式に変形できる．

$$\frac{1}{s(1+Ts)} = \frac{(AT+B)s + A}{s(1+Ts)} \tag{5.19}$$

つぎに，両辺の分子を s の多項式とみなして，各項の係数が等しくなるように A と B を求める．すなわち，

$$0 \times s + 1 = (AT+B)s + A \tag{5.20}$$

とおくと，

$$AT + B = 0, \qquad A = 1 \tag{5.21}$$

となり，$B = -T$ となる．

（b）Heaviside の展開定理を用いる方法

式 (5.18) の両辺に s を掛けて，$s = 0$ とおくと A が求まる．

$$A = \left[s \cdot \frac{1}{s(1+Ts)}\right]_{s=0} = 1 \tag{5.22}$$

同様にして，式 (5.18) の両辺に $1+Ts$ を掛けて，$s = -1/T$ とおくと B が求まる．

$$B = \left[(1+Ts) \cdot \frac{1}{s(1+Ts)}\right]_{s=-1/T} = -T \tag{5.23}$$

いずれの方法を用いても，$A = 1, B = -T$ となるので，式 (5.17) は

$$y(t) = \mathcal{L}^{-1}\left[\frac{1}{s}\right] - \mathcal{L}^{-1}\left[\frac{T}{1+Ts}\right] = \mathcal{L}^{-1}\left[\frac{1}{s}\right] - \mathcal{L}^{-1}\left[\frac{1}{s+1/T}\right] \tag{5.24}$$

となり，表 2.5 から求める $y(t)$ は次式となる.

$$y(t) = 1 - e^{-t/T} \tag{5.25}$$

図 5.1 に 1 次遅れ要素のステップ応答波形を示す.$y(T) = 1 - e^{-1} \cong 0.632$ となるので，$t = T$ の時点で $y(t)$ は $x(t)$ の 63.2% となる.また，図中の一点鎖線は，$t = 0$ における $y(t)$ の接線 $z(t)$ を示し，$z(T) = x(T) = 1$ となる.よって，時定数 T は $z(t)$ の値が $x(t)$ の値と一致するまでの時間ともいえる.

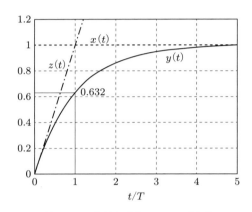

図 5.1　1 次遅れ要素のステップ応答

図 3.3 (p.16) の電気回路において，$v_i(t)$ を入力，$v_o(t)$ を出力とすると伝達関数 $G(s)$ は次式となるので，1 次遅れ要素となる（4.2.1 項参照）.

$$G(s) = \frac{R}{R + Ls} = \frac{1}{1 + Ts} \tag{5.26}$$

ここで，$T = L/R$ である.

5.2.5　1 次遅れの微分要素のステップ応答

1 次遅れの微分要素の伝達関数は次式で示される.

$$G(s) = \frac{Ts}{1 + Ts} \tag{5.27}$$

よって，式 (5.2) より，$y(t)$ は次式となる.

$$y(t) = \mathcal{L}^{-1}\left[\frac{Ts}{1 + Ts} \cdot \frac{1}{s}\right] = \mathcal{L}^{-1}\left[\frac{1}{s + 1/T}\right] = e^{-t/T} \tag{5.28}$$

式 (5.27) は，

$$G(s) = 1 - \frac{1}{1 + Ts} \tag{5.29}$$

のように変形できるので，$y(t)$ は次式から求めることもできる．

$$y(t) = \mathcal{L}^{-1}\left[\frac{1}{s}\right] - \mathcal{L}^{-1}\left[\frac{1}{s(1 + Ts)}\right] = 1 - (1 - e^{-t/T}) = e^{-t/T} \tag{5.30}$$

図 3.3 の電気回路において，リアクトルの電圧を出力電圧 $v_o(t)$ とすると伝達関数は次式となり，1 次遅れの微分要素となる．

$$G(s) = \frac{Ls}{R + Ls} = \frac{Ts}{1 + Ts} \tag{5.31}$$

ここで，$T = L/R$ である．

5.2.6　2 次遅れ要素のステップ応答

2 次遅れ要素の伝達関数は次式で示される．

$$G(s) = \frac{\omega_n^2}{s^2 + 2\zeta\omega_n s + \omega_n^2} \tag{5.32}$$

ここで，ζ は減衰率，ω_n は固有角周波数とよばれる．

式 (5.2) より，$y(t)$ は次式から求めることができる．

$$y(t) = \mathcal{L}^{-1}\left[\frac{\omega_n^2}{s^2 + 2\zeta\omega_n s + \omega_n^2} \cdot \frac{1}{s}\right] \tag{5.33}$$

ここで，$s^2 + 2\zeta\omega_n s + \omega_n^2 = 0$ の根は ζ の値によって変わるので，場合分けが必要である．

(1) $\zeta > 1$ のとき（異なる実根）　$s = (-\zeta \pm \sqrt{\zeta^2 - 1})\omega_n$

計算を容易にするために，式 (5.33) を次式で表現する．

$$y(t) = \mathcal{L}^{-1}\left[\frac{ab}{s(s + a)(s + b)}\right] \tag{5.34}$$

ここで，

$$a = (\zeta + \sqrt{\zeta^2 - 1})\omega_n, \qquad b = (\zeta - \sqrt{\zeta^2 - 1})\omega_n \tag{5.35}$$

である．次式のように部分分数分解する．

$$\frac{ab}{s(s+a)(s+b)} = \frac{A}{s} + \frac{B}{s+a} + \frac{C}{s+b} \tag{5.36}$$

(a) 係数比較法

式 (5.36) の右辺を通分すると次式が得られる.

$$\frac{ab}{s(s+a)(s+b)} = \frac{A(s+a)(s+b) + Bs(s+b) + Cs(s+a)}{s(s+a)(s+b)} \tag{5.37}$$

両辺の分子が等しいことから次式が成り立つ.

$$0 \times s^2 + 0 \times s + ab = (A+B+C)s^2 + [(a+b)A + bB + aC]s + abA \tag{5.38}$$

よって, 両辺の同じ次数の項の係数が等しくなることから次式が得られる.

$$A + B + C = 0 \tag{5.39}$$

$$(a+b)A + bB + aC = 0 \tag{5.40}$$

$$abA = ab \tag{5.41}$$

式 (5.39)〜(5.41) から A, B, C を求めると次式となる.

$$A = 1, \qquad B = \frac{b}{a-b}, \qquad C = -\frac{a}{a-b} \tag{5.42}$$

(b) Heaviside の展開定理を用いる方法

$$A = \left[s \cdot \frac{ab}{s(s+a)(s+b)} \right]_{s=0} = 1 \tag{5.43}$$

$$B = \left[(s+a) \cdot \frac{ab}{s(s+a)(s+b)} \right]_{s=-a} = \frac{b}{a-b} \tag{5.44}$$

$$C = \left[(s+b) \cdot \frac{ab}{s(s+a)(s+b)} \right]_{s=-b} = -\frac{a}{a-b} \tag{5.45}$$

よって, 式 (5.34) は次式となる.

$$y(t) = 1 + \frac{1}{a-b}(be^{-at} - ae^{-bt}) \tag{5.46}$$

式 (5.35) を代入して整理すると次式が得られる.

$$y(t) = 1 + \frac{\zeta - \sqrt{\zeta^2 - 1}}{2\sqrt{\zeta^2 - 1}} e^{-\left(\zeta + \sqrt{\zeta^2 - 1}\right)\omega_n t} - \frac{\zeta + \sqrt{\zeta^2 - 1}}{2\sqrt{\zeta^2 - 1}} e^{-\left(\zeta - \sqrt{\zeta^2 - 1}\right)\omega_n t}$$

$$(5.47)$$

(2) $\zeta = 1$ のとき（重根） $\quad s = -\zeta\omega_n$

式 (5.33) は次式となる.

$$y(t) = \mathcal{L}^{-1}\left[\frac{a^2}{s(s+a)^2}\right] \tag{5.48}$$

ここで,

$$a = \zeta\omega_n \tag{5.49}$$

である. 次式のように部分分数分解する.

$$\frac{a^2}{s(s+a)^2} = \frac{A}{s} + \frac{B}{s+a} + \frac{C}{(s+a)^2} \tag{5.50}$$

（a）係数比較法

式 (5.50) の右辺を通分すると次式が得られる.

$$\frac{a^2}{s(s+a)^2} = \frac{A(s+a)^2 + Bs(s+a) + Cs}{s(s+a)^2} \tag{5.51}$$

両辺の分子が等しいことから次式が成り立つ.

$$0 \times s^2 + 0 \times s + a^2 = (A+B)s^2 + (2aA + aB + C)s + a^2 A \tag{5.52}$$

よって, 両辺の同じ次数の項の係数が等しくなることから次式が得られる.

$$A + B = 0 \tag{5.53}$$

$$2aA + aB + C = 0 \tag{5.54}$$

$$a^2 A = a^2 \tag{5.55}$$

式 (5.53)〜(5.55) から A, B, C を求めると次式となる.

$$A = 1, \qquad B = -1, \qquad C = -a \tag{5.56}$$

（b）Heaviside の展開定理を用いる方法

$$A = \left[s \cdot \frac{a^2}{s(s+a)^2} \right]_{s=0} = 1 \tag{5.57}$$

$$C = \left[(s+a)^2 \cdot \frac{a^2}{s(s+a)^2} \right]_{s=-a} = -a \tag{5.58}$$

つぎに，B を求めるために式 (5.50) の両辺に $s+a$ を掛けると次式となる．

$$\frac{a^2}{s(s+a)} = \frac{A(s+a)}{s} + B + \frac{C}{s+a} \tag{5.59}$$

ここで，$s = -a$ とおくと，左辺と右辺第 3 項の分母が 0 となり，B が求められない．そこで，式 (5.50) の両辺に $(s+a)^2$ を掛けて s で微分すると次式が得られる．

$$-\frac{a^2}{s^2} = \frac{A(s^2 - a^2)}{s^2} + B \tag{5.60}$$

ここで，$s = -a$ とおくと $B = -1$ となり，B の値が得られる．

以上より，式 (5.48) は次式となる．

$$y(t) = 1 - (1 + at)e^{-at} \tag{5.61}$$

式 (5.49) を代入すると次式が得られる．

$$y(t) = 1 - (1 + \zeta\omega_n t)e^{-\zeta\omega_n t} \tag{5.62}$$

（3）$\zeta < 1$ のとき（複素根）　$s = \left(-\zeta \pm j\sqrt{1 - \zeta^2} \right)\omega_n$

式 (5.33) は次式となる．

$$y(t) = \mathcal{L}^{-1} \left[\frac{a^2 + b^2}{s[(s+a)^2 + b^2]} \right] \tag{5.63}$$

ここで，

$$a = \zeta\omega_n, \qquad b = \sqrt{1 - \zeta^2}\,\omega_n \tag{5.64}$$

である．次式のように部分分数分解する．

$$\frac{a^2 + b^2}{s[(s+a)^2 + b^2]} = \frac{A}{s} + \frac{B(s+a)}{(s+a)^2 + b^2} + \frac{Cb}{(s+a)^2 + b^2} \tag{5.65}$$

ここでは，表 2.5 (p.10) の減衰正弦関数と減衰余弦関数のラプラス逆変換を行うことを想定している．

（a）係数比較法

式 (5.65) の右辺を通分すると次式が得られる．

$$\frac{a^2+b^2}{s[(s+a)^2+b^2]} = \frac{A[(s+a)^2+b^2]+Bs(s+a)+Cbs}{s[(s+a)^2+b^2]} \tag{5.66}$$

両辺の分子が等しいことから次式が成り立つ．

$$0 \times s^2 + 0 \times s + a^2 + b^2 = (A+B)s^2 + (2aA+aB+Cb)s$$
$$+ (a^2+b^2)A \tag{5.67}$$

よって，両辺の同じ次数の項の係数が等しくなることから次式が得られる．

$$A + B = 0 \tag{5.68}$$

$$2aA + aB + Cb = 0 \tag{5.69}$$

$$(a^2+b^2)A = a^2 + b^2 \tag{5.70}$$

式 (5.68)〜(5.70) から A, B, C を求めると，次式となる．

$$A = 1, \qquad B = -1, \qquad C = -\frac{a}{b} \tag{5.71}$$

以上より，式 (5.63) は次式となる．

$$y(t) = 1 - e^{-at}\cos bt - \frac{a}{b}e^{-at}\sin bt \tag{5.72}$$

式 (5.64) を代入すると次式が得られる．

$$y(t) = 1 - \frac{\zeta}{\sqrt{1-\zeta^2}}e^{-\zeta\omega_n t}\sin\left(\sqrt{1-\zeta^2}\omega_n t\right)$$
$$- e^{-\zeta\omega_n t}\cos\left(\sqrt{1-\zeta^2}\omega_n t\right) \tag{5.73}$$

（b）Heaviside の展開定理を用いる方法

このときは，次式のように部分分数分解する．

$$\frac{ab}{s(s+a)(s+b)} = \frac{A}{s} + \frac{B}{s+a} + \frac{C}{s+b} \tag{5.74}$$

ここで，

$$a = \left(\zeta + j\sqrt{1 - \zeta^2}\right)\omega_n, \qquad b = \left(\zeta - j\sqrt{1 - \zeta^2}\right)\omega_n \tag{5.75}$$

である. 式 (5.74) は式 (5.36) と同じなので, $y(t)$ の式は式 (5.46) となる. よって, 式 (5.75) を代入して整理すると式 (5.73) が得られる.

図 5.2 に減衰率 ζ を変化させたときの 2 次遅れ要素のステップ応答波形を示す. ここで, 固有周波数 $f_n = 10\,[\mathrm{Hz}]$ とした. このとき, $\omega_n = 2\pi f_n = 20\pi\,[\mathrm{rad/s}]$ となる. 減衰率が小さくなるにつれて, $y(t)$ の変化は速くなるが, $y(t) > x(t) = 1$ となるオーバーシュートが生じたり, 振動的になったりすることがわかる. また, $\zeta = 0$ のときは, 式 (5.73) から

$$y(t) = 1 - \cos\omega_n t \tag{5.76}$$

となり, 振動は減衰せずに持続し, 固有周波数で振動する. **表 5.1** に 2 次遅れ要素の伝達関数のステップ応答の式を示す.

図 3.6 (p.18) の電気回路の伝達関数は式 (4.19) に示されているように,

$$G(s) = \frac{V_o(s)}{V_i(s)} = \frac{R}{LCRs^2 + Ls + R} \tag{5.77}$$

なので, つぎのように変形すると 2 次遅れ要素となることがわかる.

$$G(s) = \frac{\dfrac{1}{LC}}{s^2 + \dfrac{1}{CR}s + \dfrac{1}{LC}} = \frac{\omega_n^2}{s^2 + 2\zeta\omega_n s + \omega_n^2} \tag{5.78}$$

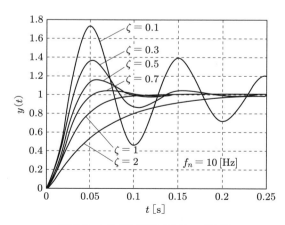

図 5.2 2 次遅れ要素のステップ応答

表 5.1　2 次遅れ要素の伝達関数のステップ応答

根	伝達関数 $G(s)$	ステップ応答 $y(t)$
異なる実根	$\dfrac{ab}{(s+a)(s+b)}$	$y(t) = 1 + \dfrac{1}{a-b}(be^{-at} - ae^{-bt})$
重根	$\dfrac{a^2}{(s+a)^2}$	$y(t) = 1 - (1+at)e^{-at}$
複素根	$\dfrac{a^2+b^2}{(s+a)^2+b^2}$	$y(t) = 1 - e^{-at}\cos bt - \dfrac{a}{b}e^{-at}\sin bt$

ここで,

$$\zeta = \frac{1}{2R}\sqrt{\frac{L}{C}}, \qquad \omega_n = \frac{1}{\sqrt{LC}} \tag{5.79}$$

である. このとき, 固有角周波数は共振角周波数ともよばれ, リアクトルとコンデンサの値によって決まる. また, 減衰率 ζ は抵抗 R の値に反比例する.

次に, 図 3.13 (p.24) の直流モータの伝達関数は式 (4.23) に示されているように,

$$G(s) = \frac{\omega_m(s)}{V_a(s)} = \frac{K_t}{J_m L_a s^2 + J_m R_a s + K_e K_t} \tag{5.80}$$

なので, つぎのように変形すると 2 次遅れ要素となる.

$$G(s) = \frac{1}{K_e} \cdot \frac{\dfrac{K_e K_t}{J_m L_a}}{s^2 + \dfrac{R_a}{L_a}s + \dfrac{K_e K_t}{J_m L_a}} = \frac{1}{K_e} \cdot \frac{\omega_n^2}{s^2 + 2\zeta\omega_n s + \omega_n^2} \tag{5.81}$$

ここで,

$$\zeta = \frac{R_a}{2}\sqrt{\frac{J_m}{L_a K_e K_t}}, \qquad \omega_n = \sqrt{\frac{K_e K_t}{J_m L_a}} \tag{5.82}$$

である. よって, 減衰率 ζ は電機子巻線の抵抗 R_a の値に比例する.

5.2.7　1 次進み 2 次遅れ要素のステップ応答

第 7 章で説明するように, 目標値を入力, 制御量を出力とするフィードバック制御系の伝達関数として, 次式もよく見かける.

$$G(s) = \frac{2\zeta\omega_n s + \omega_n^2}{s^2 + 2\zeta\omega_n s + \omega_n^2} \tag{5.83}$$

式 (5.32) と比べると, 分母は同じであるが分子が異なる. そこで, ここでは伝達関数が式 (5.83) で示される要素を 1 次進み 2 次遅れ要素とよぶ. 2 次遅れ要素のステップ応答と比較するために, 固有周波数 $f_n = 10\,[\mathrm{Hz}]$ としたときのステップ応

答波形を**図 5.3**に示す．図 5.2 と比べると，減衰率が小さくなるにつれて応答波形の差は小さくなるが，減衰率が大きくなると 1 次進み 2 次遅れ要素は出力 $y(t)$ の変化が速くなることがわかる．これは，式 (5.83) の分子の s の 1 次の項によるものである．すなわち，伝達関数の分子の s の項は微分として作用するので応答が速くなる．

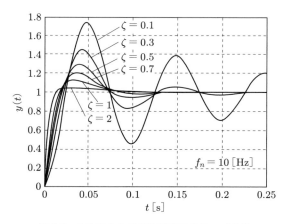

図 5.3　1 次進み 2 次遅れ要素のステップ応答

5.3　安定性

ラプラス変換を用いて入力と出力の関係を表現したものが伝達関数である．入力が変化すると出力も変化するが，入力が一定になってから時間が経過すると出力も一定になるとき，本書では「伝達関数は安定である」または「安定な伝達関数である」という．これに対して，時間が経過しても出力が一定にならず変化し続けるとき，「伝達関数は不安定である」または「不安定な伝達関数である」という．あるいは，5.2 節で説明したような要素の場合は，「要素は安定である」または「要素は不安定である」といういい方をしてもよい．5.2 節で説明した要素のうち，積分要素と，減衰率が 0 の 2 次遅れ要素と 1 次進み 2 次遅れ要素のみ不安定で，それ以外の要素はすべて安定である．さらに，フィードバック制御系の伝達関数の場合は「制御系は安定である」または「安定な制御系である」といってもよい．

入力が一定になってから出力が一定になるまでを過渡状態，出力が一定になった後を定常状態とよぶ．安定な伝達関数の場合はラプラス変換の最終値定理から，定

常状態における出力は次式で示される.

$$y(\infty) = \lim_{s \to 0}[sY(s)] = \lim_{s \to 0}[sG(s)X(s)] \tag{5.84}$$

1 次遅れ要素の場合は, 式 (5.16) から $y(\infty) = 1$ となる. 同様に, 2 次遅れ要素の場合 (ただし, $\zeta > 0$) も, 式 (5.32) から $y(\infty) = 1$ となる. また, 1 次遅れの微分要素の場合は, 式 (5.27) から $y(\infty) = 0$ となる.

5.4　安定な伝達関数

　入力がステップ関数のとき, 時間が経過すると出力が一定値になる伝達関数が安定である. 伝達関数 $G(s)$ を次式とする.

$$G(s) = \frac{Q(s)}{P(s)} \tag{5.85}$$

入力が単位ステップ関数のとき, 出力は次式となる.

$$Y(s) = \frac{G(s)}{s} = \frac{Q(s)}{P(s)s} \tag{5.86}$$

式 (5.86) を部分分数分解したときに, 各分数の分母は $P(s)s$ の因数を用いて表される.

(1) $P(s)$ の因数に s が含まれる場合

　$P(s)s$ の因数に s^2 が含まれるので, 部分分数に A/s^2 の項が生じ, 出力 $y(t)$ には At の項が含まれる. よって, $y(t)$ は変化し続けるので, 伝達関数 $G(s)$ は不安定である.

(2) $P(s)$ の因数に $s + a$ ($a : 0$ でない実数) が含まれる場合

　$P(s)s$ の因数に $s + a$ が含まれるので, 部分分数に $B/(s + a)$ の項が生じ, $y(t)$ には Be^{-at} の項が含まれる. よって, $a > 0$ のときは時間の経過とともに減衰して 0 となるが, $a < 0$ のときは時間の経過とともに値が増加する. したがって, $a > 0$ であれば $G(s)$ は安定である.

(3) $P(s)$ の因数に $(s + a)^2 + \omega^2$ ($a, \omega :$ 実数) が含まれる場合

　$P(s)s$ の因数に $(s + a)^2 + \omega^2$ が含まれるので, 部分分数に $[C(s + a) + D\omega]/[(s+a)^2 + \omega^2]$ の項が生じ, $y(t)$ には $Ce^{-at}\sin\omega t$ の項や $De^{-at}\cos\omega t$ の項が含まれる. いずれの項も, $a > 0$ のときは時間の経過とともに減衰

して 0 となるが，$a < 0$ のときは時間の経過とともに値が増加する．また，$a = 0$ のときは振幅が一定の振動が持続する．したがって，$a > 0$ であれば $G(s)$ は安定である．

以上のことから，$P(s) = 0$ を s の方程式として解いたとき，s の根（実根または複素根）の実部がすべて負ならば，伝達関数 $G(s)$ は安定である．ここで，$P(s) = 0$ を特性方程式とよぶ．なお，$G(s)$ の安定・不安定には，分子の $Q(s)$ は関係しない．

5.2.4 項の 1 次遅れ要素の場合，特性方程式は次式となる．

$$P(s) = 1 + Ts = 0 \tag{5.87}$$

よって，根は

$$s = -\frac{1}{T} \tag{5.88}$$

となり，時定数 T は正としているので，1 次遅れ要素は安定である．

また，5.2.6 項の 2 次遅れ要素の場合，特性方程式は次式となる．

$$P(s) = s^2 + 2\zeta\omega_n s + \omega_n^2 = 0 \tag{5.89}$$

よって，根は ζ の値によって，異なる実根，重根，複素根のいずれかになるが，どの根でも実部は $-\zeta\omega_n$ である．よって，$\zeta > 0$ のとき，2 次遅れ要素は安定である．ただし，$\zeta = 0$ のときは不安定である．

図 5.4 は，減衰率 ζ を変化させたときの式 (5.89) の根を複素平面上にプロットしたものである．ただし，s/ω_n をプロットしているので根は ζ のみの関数とな

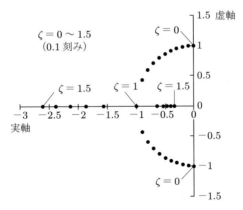

図 5.4　2 次遅れ要素の根（s/ω_n）

る．伝達関数が安定であるためには，特性方程式の根の実部がすべて負でなければ
ならない．すなわち，根を複素平面上にプロットしたとき，すべての根が複素平面
の左側（虚軸は含まない）に位置する必要がある．$\zeta = 0$ のときは根が虚軸上に
あるので不安定で持続振動する．ζ が大きくなるにつれて実部が負の方向に増加し
て，$\zeta = 1$ のときに重根となる．さらに ζ が大きくなると，二つの実根 $-a, -b$ が
$ab = \omega_n^2$ の関係を保ちながら，片方は $-\omega_n$ より小さくなり，他方は $-\omega_n$ より大き
くなって 0 に近づく．

実部が原点から負方向に遠ざかるほど過渡応答の収束は速くなる．図 5.2 にお
いて，ζ が 1 より大きくなるにつれて応答が遅くなるのは，$-\omega_n$ より大きい根
$(-\zeta + \sqrt{\zeta^2 - 1})\omega_n$ による．このように，特性方程式の根と過渡応答には関係が
ある．

5.5　安定判別方法

特性方程式が 2 次以下の場合は根を求めるのが容易であるが，3 次以上の場合は
容易でない．

そこで，特性方程式の根を求めずに伝達関数の安定判別を行う方法として，ラウ
スとフルビッツの安定判別法が知られている．いずれの方法も特性方程式の係数を
用いて安定判別を行うが，本書ではフルビッツの安定判別法を説明する．

まず，特性方程式は n 次とする．

$$a_0 s^n + a_1 s^{n-1} + \cdots\cdots + a_{n-1}s + a_n = 0 \tag{5.90}$$

このとき，次式のフルビッツ行列式を定義する．

$$H_1 = a_1 \tag{5.91}$$

$$H_2 = \begin{vmatrix} a_1 & a_3 \\ a_0 & a_2 \end{vmatrix} \tag{5.92}$$

$$H_3 = \begin{vmatrix} a_1 & a_3 & a_5 \\ a_0 & a_2 & a_4 \\ 0 & a_1 & a_3 \end{vmatrix} \tag{5.93}$$

$$H_{n-1} = \begin{vmatrix} a_1 & a_3 & \cdots & 0 \\ a_0 & a_2 & \cdots & 0 \\ \vdots & \vdots & \ddots & \vdots \\ 0 & & \cdots & a_{n-1} \end{vmatrix} \tag{5.94}$$

　フルビッツ行列式の書き方は以下のようにすればよい．行列式 H_3 を例にとって説明する．まず，一番左の列の一番上の成分を a_1 として，対角線に沿って a_2, a_3 の順に書く．つぎに，1 列目において，a_1 の 1 行下の成分は添え字を 1 引いた a_0 を記入する．その下の行の成分は a_{-1} となるが，特性方程式には a_{-1} がないので 0 とする．同様に，2 列目については，a_2 の成分の 1 行上の成分は a_3，1 行下の成分は a_1 となる．3 列目については，a_3 の 1 行上の成分は a_4 となる．その上の行の成分は a_5 となる．このように，対角要素を先に書けば，他の要素はビル内の上下階移動に置き換えれば容易に書くことができる．

　この書き方を理解すれば，行列式 H_{n-1} の 1 列目の $n-1$ 個の成分は 1 行目から順に，$a_1, a_0, 0, ..., 0$ となり，2 列目は $a_3, a_2, a_1, 0, ..., 0$ となる．また，$n-2$ 列目は $0, ..., a_{n-1}, a_{n-2}, a_{n-3}$ となり，$n-1$ 列目は $0, ..., 0, a_n, a_{n-1}$ となることが容易に理解できる．

　つぎに，特性方程式が式 (5.90) で示される伝達関数が安定である必要十分条件は以下である．

(1) 特性方程式の係数 a_0〜a_n がすべて正である．
(2) フルビッツ行列式 H_1〜H_{n-1} の値がすべて正である．

　ただし，$H_1 = a_1$ なので (1) が成り立てば，自動的に $H_1 > 0$ となる．つまり，2 次の伝達関数の場合は特性方程式も 2 次になるので，(1) が安定である必要十分条件となる．

■**例題 5.1**■
　伝達関数の特性方程式を次式とするとき，この伝達関数が安定かどうか調べよ．
$$7s^4 + 8s^3 + 5s^2 + 3s + 7 = 0$$

■**解**■
(1) すべての係数は正である．

(2) $H_2 = \begin{vmatrix} 8 & 3 \\ 7 & 5 \end{vmatrix} = 40 - 21 = 19 > 0$

(3) $H_3 = \begin{vmatrix} 8 & 3 & 0 \\ 7 & 5 & 7 \\ 0 & 8 & 3 \end{vmatrix} = 8 \times \begin{vmatrix} 5 & 7 \\ 8 & 3 \end{vmatrix} - 7 \times \begin{vmatrix} 3 & 0 \\ 8 & 3 \end{vmatrix}$

$\qquad = 8 \times (15 - 56) - 63 = -391 < 0$

(3) より $H_3 < 0$ なので，伝達関数は不安定である．

■**例題 5.2**■

伝達関数の特性方程式を次式とするとき，この伝達関数が安定となる K の条件を求めよ．

$$3s^3 + Ks^2 + 6s + 8 = 0$$

■**解**■

(1) すべての係数は正でないといけないので，$K > 0$.

(2) $H_2 = \begin{vmatrix} K & 8 \\ 3 & 6 \end{vmatrix} = 6 \times (K - 4) > 0$ より $K > 4$.

(1)，(2) より，求める K の条件は $K > 4$ となる．

演習問題

5.1 入力を $x(t)$，出力を $y(t)$ とする伝達関数 $G(s)$ が以下とする．$x(t)$ が単位ステップ関数であるときの $y(t)$ を求めよ．ただし，Heaviside の展開定理を使うこと．

(1) $G(s) = \dfrac{1}{s^2 + 7s + 12}$

(2) $G(s) = \dfrac{1}{s^2 + 4s}$

(3) $G(s) = \dfrac{1}{s^2 + 10s + 25}$

(4) $G(s) = \dfrac{1}{s^2 + 6s + 13}$

5.2 伝達関数の特性方程式を次式とするとき，伝達関数が安定かどうかを調べよ．

(1) $2s^4 + 2s^3 + 8s^2 + 4s + 3 = 0$

(2) $5s^4 + 8s^3 + 6s^2 + 5s + 2 = 0$

5.3 伝達関数の特性方程式を次式とするとき，伝達関数が安定となる K の条件を求めよ．

(1) $Ks^3 + 10Ks^2 + 24Ks + 6 = 0$

(2) $(2K + 1)s^4 + 2s^3 + 3s^2 + 4s + 3 = 0$

第6章

周波数応答

　入力 $x(t)$ が正弦波信号のときに出力される正弦波信号 $y(t)$ の振幅と位相を調べることを周波数応答とよぶ．周波数応答を図示するために，ボード線図やベクトル軌跡が用いられるが，本章ではボード線図について説明する．また，次章以降で説明するフィードバック制御系の設計においては，折れ線近似のゲイン線図を使用する．そこで，第5章で説明した基本的な要素の折れ線近似のゲイン線図や，その描き方について説明する．

6.1 周波数応答の表現

　図 6.1(a) に示す伝達関数 $G(s)$ において，$s = j\omega$ を代入して得られる図 (b) の $G(j\omega)$ を周波数伝達関数とよぶ．ここで，$\omega = 2\pi f$（f：周波数 [Hz]，ω：角周波数 [rad/s]）である．

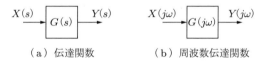

（a）伝達関数 　　　　（b）周波数伝達関数

図 6.1 伝達関数と周波数伝達関数

　図 6.2 に示すように，周波数伝達関数の表現方法には 2 通りがある．

(1) 複素数表示

$$G(j\omega) = a + jb \tag{6.1}$$

ここで，

$$a = |G(j\omega)| \cos\theta, \qquad b = |G(j\omega)| \sin\theta \tag{6.2}$$

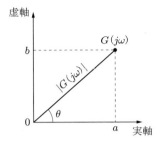

図 6.2　周波数伝達関数の表現方法

(2) 極座標表示

$$G(j\omega) = |G(j\omega)|e^{j\theta} \tag{6.3}$$

ここで,

$$
\begin{aligned}
&\text{絶対値}：|G(j\omega)| = \sqrt{a^2 + b^2} \\
&\text{位　相}：\theta = \angle G(j\omega) = \tan^{-1}\frac{b}{a}
\end{aligned}
\tag{6.4}
$$

周波数伝達関数 $G(j\omega)$ の入力 $x(t)$ を次式とする.

$$x(t) = A\sin\omega t = \mathrm{Im}[Ae^{j\omega t}] \tag{6.5}$$

ここで, $\mathrm{Im}[f(t)]$ は時間関数 $f(t)$ の虚部である.
　すると, 出力 $y(t)$ は次式となる.

$$
\begin{aligned}
y(t) &= \mathrm{Im}[G(j\omega)Ae^{j\omega t}] = \mathrm{Im}[|G(j\omega)|e^{j\theta}Ae^{j\omega t}] = |G(j\omega)|A\cdot\mathrm{Im}[e^{j(\omega t+\theta)}] \\
&= B\sin(\omega t + \theta)
\end{aligned}
\tag{6.6}
$$

よって,

$$|G(j\omega)| = \frac{B}{A} \tag{6.7}$$

となるので, $|G(j\omega)|$ は $x(t)$ と $y(t)$ の振幅比となる. また, θ は位相差となり, $\theta > 0$ のとき, $y(t)$ の位相は $x(t)$ の位相より進む.
　周波数応答を図示するために, つぎのボード線図とベクトル軌跡がよく使用される.

- **ボード線図**

  横軸に角周波数の常用対数をとり，縦軸に周波数伝達関数の絶対値の dB 表示（ゲインとよぶ）と位相をそれぞれ別のグラフに描いたものである．前者をゲイン線図，後者を位相線図とよぶ．ここで，ゲインは $20\log|G(j\omega)|$ [dB]，位相 θ は [度] で表示する．

- **ベクトル軌跡（ナイキスト線図）**

  角周波数を変化させたときの周波数伝達関数の変化を，複素平面上で表したものである．つまり，$G(j\omega) = a(j\omega) + jb(j\omega)$ としたときの $a(j\omega)$ と $b(j\omega)$ を複素平面上にプロットしたものである．

本書では，フィードバック制御系の設計に便利なボード線図について説明する．

6.2　ボード線図のメリット

周波数伝達関数 $G(j\omega)$ が次式のように，二つの関数の積で表されるものとする．

$$G(j\omega) = G_1(j\omega)G_2(j\omega) = |G(j\omega)|e^{j\theta} \tag{6.8}$$

$$G_1(j\omega) = |G_1(j\omega)|e^{j\theta_1}, \qquad G_2(j\omega) = |G_2(j\omega)|e^{j\theta_2} \tag{6.9}$$

式 (6.9) を式 (6.8) に代入すると次式が得られる．

$$G(j\omega) = |G_1(j\omega)|e^{j\theta_1} \cdot |G_2(j\omega)|e^{j\theta_2} = |G_1(j\omega)||G_2(j\omega)|e^{j(\theta_1+\theta_2)} \tag{6.10}$$

よって，

$$20\log|G(j\omega)| = 20\log|G_1(j\omega)| + 20\log|G_2(j\omega)| \tag{6.11}$$

$$\theta = \theta_1 + \theta_2 \tag{6.12}$$

となり，$G(j\omega)$ のゲインは $G_1(j\omega)$ と $G_2(j\omega)$ のゲインの和となる．$G(j\omega)$ の位相についても同様に，$G_1(j\omega)$ と $G_2(j\omega)$ の位相の和となる．

つぎに，周波数伝達関数 $G(j\omega)$ が次式のように，二つの関数 $G_1(j\omega)$ と $G_2(j\omega)$ の商で表されるものとする．

$$G(j\omega) = \frac{G_1(j\omega)}{G_2(j\omega)} = |G(j\omega)|e^{j\theta} \tag{6.13}$$

式 (6.9) を式 (6.13) に代入すると次式が得られる.

$$G(j\omega) = \frac{|G_1(j\omega)|e^{j\theta_1}}{|G_2(j\omega)|e^{j\theta_2}} = \frac{|G_1(j\omega)|}{|G_2(j\omega)|}e^{j(\theta_1 - \theta_2)} \tag{6.14}$$

よって,

$$20\log|G(j\omega)| = 20\log|G_1(j\omega)| - 20\log|G_2(j\omega)| \tag{6.15}$$

$$\theta = \theta_1 - \theta_2 \tag{6.16}$$

となり, $G(j\omega)$ のゲインは $G_1(j\omega)$ と $G_2(j\omega)$ のゲインの差となる. $G(j\omega)$ の位相についても同様に, $G_1(j\omega)$ と $G_2(j\omega)$ の位相の差となる.

ここで, 式 (6.13) において, $G_1(j\omega) = 1$ とおくと, 式 (6.15), (6.16) は次式となる.

$$20\log|G(j\omega)| = -20\log|G_2(j\omega)| \tag{6.17}$$

$$\theta = -\theta_2 \tag{6.18}$$

すなわち, $G(j\omega) = 1/G_2(j\omega)$ のゲインと位相はそれぞれ, $G_2(j\omega)$ のゲインと位相の極性を反転したものとなる.

このように周波数伝達関数が複数の関数の積や商の形で表すことができるとき, 個々の関数のゲインや位相がわかれば, 加減算によって容易にボード線図を描くことができる. これがボード線図のメリットである.

6.3 基本的な伝達関数のボード線図

6.3.1 比例要素

比例の伝達関数と周波数伝達関数は次式で表される.

$$G(s) = K \quad (K:正の定数) \tag{6.19}$$

$$G(j\omega) = K \tag{6.20}$$

ゲインと位相を求めると次式となる.

$$\text{ゲイン} : 20 \log |G(j\omega)| = 20 \log K \,[\text{dB}]$$

$$\text{位　相} : \theta = 0 \,[\text{度}]$$

比例の伝達関数のゲインは一定（$20 \log K$）で，位相は 0 度である．

6.3.2　微分要素と積分要素

微分要素の伝達関数と周波数伝達関数は次式で表される．

$$G(s) = s \tag{6.21}$$

$$G(j\omega) = j\omega \tag{6.22}$$

ゲインと位相を求めると次式となる．

$$\text{ゲイン} : 20 \log |G(j\omega)| = 20 \log \omega \,[\text{dB}]$$

$$\text{位　相} : \theta = 90 \,[\text{度}]$$

ゲイン線図を**図 6.3** に実線で示す．ゲイン線図は傾きが正の直線となり，ω が 10 倍になるとゲインは 20 dB 増加する．このとき，直線の傾きを 20 dB/dec と表現する．ゲインは $\omega = 1\,[\text{rad/s}]$ のときに 0 dB となる．ゲインが 0 dB となる角周波数をゲイン交差角周波数とよぶ．また，入力に対して出力の位相は 90 度進む．

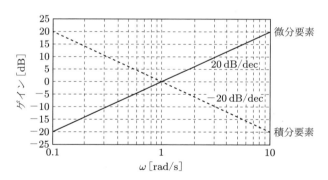

図 6.3　微分要素と積分要素のゲイン線図

つぎに，積分要素の伝達関数と周波数伝達関数は次式で表される．

$$G(s) = \frac{1}{s} \tag{6.23}$$

$$G(j\omega) = \frac{1}{j\omega} = -j\frac{1}{\omega} \tag{6.24}$$

微分と積分は逆数の関係にあるので，6.2 節で説明したように，積分要素のゲイン
と位相は微分要素と逆極性になる．

$$\text{ゲイン：} 20\log|G(j\omega)| = -20\log\omega \, [\text{dB}]$$

$$\text{位　相：} \theta = -90 \, [\text{度}]$$

　積分要素のゲイン線図を図 6.3 に破線で示す．ゲイン線図は，傾きが $-20\,\text{dB/dec}$
の直線となり，ω が 10 倍になるとゲインは $20\,\text{dB}$ 減少する．また，入力に対して
出力の位相は 90 度遅れる．

6.3.3　係数付き微分要素

　係数付き微分要素の伝達関数と周波数伝達関数は次式で表される．

$$G(s) = Ks \quad (K：\text{正の定数}) \tag{6.25}$$

$$G(j\omega) = jK\omega \tag{6.26}$$

$G(s)$ は比例の伝達関数 $G_1(s) = K$ と微分の伝達関数 $G_2(s) = s$ の積となってい
るので，6.2 節の説明から，周波数伝達関数 $G(j\omega)$ のゲインは $G_1(j\omega)$ と $G_2(j\omega)$
のゲインの和になり，位相も $G_1(j\omega)$ と $G_2(j\omega)$ の位相の和になり，次式となる．

$$\text{ゲイン：} 20\log|G(j\omega)| = 20\log K + 20\log\omega \, [\text{dB}]$$

$$\text{位　相：} \theta = 90 \, [\text{度}]$$

すなわち，係数付き微分要素のゲイン線図は微分要素のゲイン線図を $20\log K$ だ
け平行移動したものとなる．ゲイン交差角周波数は $1/K \, [\text{rad/s}]$ である．また，位
相線図は微分要素と同じで，入力に対して出力の位相は 90 度進む．

6.3.4　1 次進み要素の伝達関数

　1 次進み要素の伝達関数と周波数伝達関数は次式で表される．

$$G(s) = 1 + Ts \tag{6.27}$$

$$G(j\omega) = 1 + j\omega T \tag{6.28}$$

ゲインと位相を求めると次式となる．

$$\text{ゲイン：} 20\log|G(j\omega)| = 20\log\sqrt{1 + \omega^2 T^2}$$

$$\text{位　相：} \theta = \tan^{-1}\omega T$$

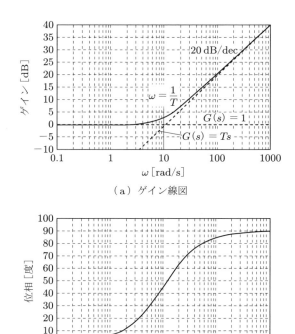

（a）ゲイン線図

（b）位相線図

図 6.4　1 次進み要素のボード線図 $(T = 0.1\,[\mathrm{s}])$

　図 6.4 に，$T = 0.1\,[\mathrm{s}]$ のときのボード線図を示す．ボード線図は，ω が小さくなると $G(s) = 1$ のボード線図に漸近し，大きくなると $G(s) = Ts$ のボード線図に漸近することがわかる．ゲイン線図の漸近線が交わる角周波数は，$\omega = 1/T$ となる．この角周波数におけるゲインと位相は次式で表される．

$$\text{ゲイン}：20\log|G(j\omega)| = 20\log\sqrt{2} \cong 3\,[\mathrm{dB}]$$

$$\text{位　相}：\theta = \tan^{-1} 1 = 45\,[\text{度}]$$

すなわち，入力に対して出力の振幅は 1.41 倍（$=\sqrt{2}$ 倍）となり，位相は 45 度進む．

6.3.5　1 次遅れ要素の伝達関数

　1 次遅れ要素の伝達関数と周波数伝達関数は次式で表される．

$$G(s) = \frac{1}{1 + Ts} \tag{6.29}$$

$$G(j\omega) = \frac{1}{1 + j\omega T} = \frac{1}{1 + \omega^2 T^2} - j\frac{\omega T}{1 + \omega^2 T^2} \tag{6.30}$$

6.2 節の説明から，ゲインと位相は 1 次進み要素の伝達関数と逆極性になり，次式となる．

$$\text{ゲイン}: 20 \log |G(j\omega)| = -20 \log \sqrt{1 + \omega^2 T^2}$$

$$\text{位　相}: \theta = -\tan^{-1} \omega T$$

図 6.5 に，$T = 0.1\,[\text{s}]$ のときのボード線図を示す．ボード線図は，ω が小さくなると $G(s) = 1$ のボード線図に漸近し，大きくなると $G(s) = 1/Ts$ のボード線図に漸近することがわかる．ゲイン線図の漸近線が交わる角周波数は，$\omega = 1/T$ となる．この角周波数におけるゲインと位相は次式となる．

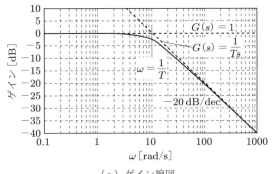

（a）ゲイン線図

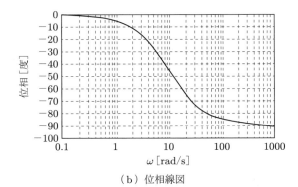

（b）位相線図

図 6.5　1 次遅れ要素のボード線図 $(T = 0.1\,[\text{s}])$

$$\text{ゲイン}：20\log|G(j\omega)| = -20\log\sqrt{2} \cong -3\,[\text{dB}]$$

$$\text{位　相}：\theta = -\tan^{-1}1 = -45\,[\text{度}]$$

すなわち，入力に対して出力の振幅は 0.71 倍（＝ $1/\sqrt{2}$ 倍）となり，位相は 45 度遅れる．

6.3.6　2 次遅れ要素の伝達関数

2 次遅れ要素の伝達関数と周波数伝達関数は次式で表される．

$$G(s) = \frac{\omega_n^2}{s^2 + 2\zeta\omega_n s + \omega_n^2} \tag{6.31}$$

$$G(j\omega) = \frac{\omega_n^2}{\omega_n^2 - \omega^2 + 2j\zeta\omega_n\omega} = \frac{\omega_n^2[(\omega_n^2 - \omega^2) - 2j\zeta\omega_n\omega]}{(\omega_n^2 - \omega^2)^2 + 4\zeta^2\omega_n^2\omega^2} \tag{6.32}$$

よって，ゲインと位相は次式となる．

$$\text{ゲイン}：20\log|G(j\omega)| = 20\log\frac{\omega_n^2}{\sqrt{(\omega_n^2 - \omega^2)^2 + 4\zeta^2\omega_n^2\omega^2}} \tag{6.33}$$

$$\text{位　相}：\theta = -\tan^{-1}\frac{2\zeta\omega_n\omega}{\omega_n^2 - \omega^2} \tag{6.34}$$

図 6.6 に減衰率 ζ をパラメータとしたときのボード線図を示す．横軸は ω/ω_n である．ボード線図は，ω が小さくなると $G(s) = 1$ のボード線図に漸近し，大きくなると $G(s) = \omega_n^2/s^2$ のボード線図に漸近することがわかる．ゲイン線図の漸近線が交わる角周波数は，$\omega = \omega_n$ となる．

また，式 (6.33) から $|G(j\omega)|$ は，

$$\omega_p = \omega_n\sqrt{1 - 2\zeta^2} \quad (\zeta < 1/\sqrt{2}) \tag{6.35}$$

の角周波数 ω_p において最大となり，次式となる．

$$|G(j\omega_p)| = \frac{1}{2\zeta\sqrt{1 - \zeta^2}} \tag{6.36}$$

ζ が 0 のとき，ゲインは無限大となる．位相線図については，減衰率 ζ が小さくなるにつれて，$\omega = \omega_n$ の付近の位相変化が急になる．

式 (6.33), (6.34) から $\omega = \omega_n$ のときのゲインと位相を求めると次式となる．

$$\text{ゲイン}：20\log|G(j\omega)| = 20\log\left(\frac{1}{2\zeta}\right)$$

$$\text{位　相}：\theta = -\tan^{-1}\infty = -90\,[\text{度}]$$

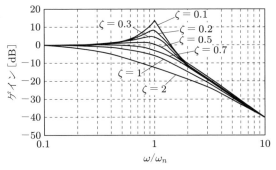

（a）ゲイン線図

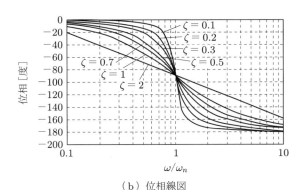

（b）位相線図

図 6.6　2 次遅れ要素のボード線図

6.4　折れ線近似のゲイン線図

本書では，ゲイン線図を漸近線で近似したものを折れ線近似のゲイン線図とよぶ．
たとえば，1 次進み要素の伝達関数の場合は，以下のように近似する．

- $\omega < 1/T$ のとき，$G(j\omega) = 1 + j\omega T \cong 1$
- $\omega \geq 1/T$ のとき，$G(j\omega) = 1 + j\omega T \cong j\omega T$

よって，折れ線近似のゲイン線図は次式を用いて描くことができる．

- $\omega < 1/T$ のとき，$20\log|G(j\omega)| \cong 0$
- $\omega \geq 1/T$ のとき，$20\log|G(j\omega)| \cong 20\log(\omega T)$

2 次進み要素の伝達関数

$$G(s) = 1 + T_1 s + T_2^2 s^2 \tag{6.37}$$

の場合は，以下のように近似する．

- $\omega < 1/T_2$ のとき，$G(j\omega) = 1 + jT_1\omega - T_2^2\omega^2 \cong 1$
- $\omega \geq 1/T_2$ のとき，$G(j\omega) = 1 + jT_1\omega - T_2^2\omega^2 \cong -T_2^2\omega^2$

よって，折れ線近似のゲイン線図は次式を用いて描くことができる．

- $\omega < 1/T_2$ のとき，$20\log|G(j\omega)| \cong 0$
- $\omega \geq 1/T_2$ のとき，$20\log|G(j\omega)| \cong 20\log(T_2^2\omega^2) = 40\log(T_2\omega)$

図 6.7 に基本的な伝達関数の折れ線近似のゲイン線図を示す．図 (d) の 1 次遅れ要素の伝達関数は，次式のように変形できる．

$$G(s) = \frac{1}{1+Ts} = \frac{\omega_1}{s+\omega_1} \tag{6.38}$$

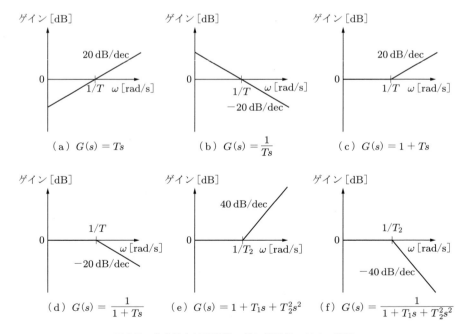

（a）$G(s) = Ts$　　（b）$G(s) = \dfrac{1}{Ts}$　　（c）$G(s) = 1 + Ts$

（d）$G(s) = \dfrac{1}{1+Ts}$　（e）$G(s) = 1 + T_1 s + T_2^2 s^2$　（f）$G(s) = \dfrac{1}{1+T_1 s + T_2^2 s^2}$

図 6.7　基本的な伝達関数の折れ線近似のゲイン線図

ここで，

$$\omega_1 = \frac{1}{T} \tag{6.39}$$

また，図 (f) の 2 次遅れ要素の伝達関数は次式のように変形できる．

$$G(s) = \frac{1}{1 + T_1 s + T_2^2 s^2} = \frac{\omega_n^2}{s^2 + 2\zeta\omega_n s + \omega_n^2} \tag{6.40}$$

ここで，

$$\omega_n = \frac{1}{T_2}, \qquad \zeta = \frac{T_1 \omega_n}{2} \tag{6.41}$$

である．式 (6.38)，(6.40) のように，伝達関数は時定数または角周波数を用いて表現できる．

6.5　折れ線近似のゲイン線図の描き方

ここでは，例題を用いて折れ線近似のゲイン線図の描き方を説明する．本節では「折れ線近似のゲイン線図」を「近似ゲイン線図」と略す．

■例題 6.1■

つぎの伝達関数の近似ゲイン線図を描け．ただし，$T_1 < 1 < T_2$ とする．

$$G(s) = \frac{1 + T_2 s}{s(1 + T_1 s)}$$

■解■

$G(s)$ は次式のように，積分要素，1 次遅れ要素，1 次進み要素の三つの伝達関数の積になっている．

$$G(s) = \frac{1}{s} \cdot \frac{1}{1 + T_1 s} \cdot (1 + T_2 s)$$

よって，$T_1 < 1 < T_2$ の関係に注意して，それぞれの伝達関数の近似ゲイン線図を描き，三つのゲインを加算すると $G(s)$ の近似ゲイン線図が図 6.8 のように求まる．なお，図中の破線は三つの伝達関数の近似ゲイン線図を示す．

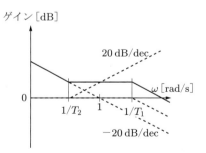

図 6.8　例題 6.1 の解

■例題 6.2■

つぎの伝達関数の近似ゲイン線図を描け．ただし，$\zeta = 0.5$ とする．

$$G(s) = \frac{2\zeta\omega_n s + \omega_n^2}{s^2 + 2\zeta\omega_n s + \omega_n^2}$$

■解■

$G(s)$ は次式のように 2 次遅れ要素と 1 次進み要素の伝達関数の積となっている．

$$G(s) = \frac{\omega_n^2}{s^2 + 2\zeta\omega_n s + \omega_n^2} \cdot \left(1 + \frac{2\zeta}{\omega_n}s\right)$$

よって，$\zeta = 0.5$ として，それぞれの伝達関数の近似ゲイン線図を描き，二つのゲインを加算すると $G(s)$ の近似ゲイン線図が**図 6.9** のように求まる．なお，図中の破線は二つの伝達関数の近似ゲイン線図を示す．

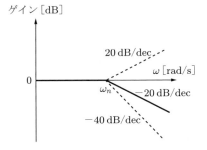

図 6.9　例題 6.2 の解

■例題 6.3■

つぎの伝達関数の近似ゲイン線図を描け．

$$G(s) = \frac{32(s+5)(s+50)}{s(s+20)(s+200)}$$

■解■

$G(s)$ は次式のように積分要素，二つの 1 次遅れ要素，二つの 1 次進み要素の伝達関数の積となっている．

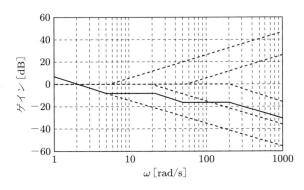

図 6.10　例題 6.3 の解

$$G(s) = \frac{2}{s} \cdot \frac{20}{s+20} \cdot \frac{200}{s+200} \cdot \frac{s+5}{5} \cdot \frac{s+50}{50}$$

よって，それぞれの伝達関数の近似ゲイン線図を描き，五つのゲインを加算すると $G(s)$ の近似ゲイン線図が**図 6.10** のように求まる．なお，ここでは 1 次遅れ要素や 1 次進み要素は角周波数を用いて表現している．

6.6   フィードバック制御系の安定性

図 6.11 において，$G_c(s)$ は制御器の伝達関数，$G_p(s)$ は制御対象の伝達関数とする．このとき，$G_c(s)$ と $G_p(s)$ の積の伝達関数を $G_o(s)$ とすると，周波数伝達関数は次式となる．

$$G_o(j\omega) = G_c(j\omega)G_p(j\omega) \tag{6.42}$$

ここで，入力 $r(t)$ が 0 で偏差 $e(t)$ が次式になったとする．

$$e(t) = A\sin\omega_1 t \tag{6.43}$$

このとき，

$$|G_o(j\omega_1)| = 1 \quad かつ \quad \angle G_o(j\omega_1) = -180\,[度] \tag{6.44}$$

ならば，

$$y(t) = -A\sin\omega_1 t \tag{6.45}$$

となるので，加え合わせ点で符号が反転し，$e(t)$ は式 (6.43) となり，出力 $y(t)$ は持続振動する．

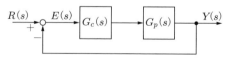

図 6.11 フィードバック制御系

これに対して，$\angle G_o(j\omega_1) = -180\,[度]$ のときに $|G_o(j\omega_1)| < 1$ であれば，$e(t)$ の振幅は次第に小さくなり，出力 $y(t)$ は一定となる．また，$|G_o(j\omega_1)| > 1$ であれば，$e(t)$ の振幅は次第に大きくなり，出力 $y(t)$ も振動しながら振幅が増加する．

よって，フィードバック制御系の安定性と $G_o(j\omega)$ の関係はつぎのようになる．
$\angle G_o(j\omega) = -180$ [度] となる角周波数 ω において，

- $|G_o(j\omega)| < 1$ であれば制御系は安定
- $|G_o(j\omega)| = 1$ であれば制御系は不安定（持続振動）
- $|G_o(j\omega)| > 1$ であれば制御系は不安定（発散）

別の表現を用いると，$|G_o(j\omega)| = 1$ となる角周波数 ω において，

- $\angle G_o(j\omega) > -180$ [度] であれば制御系は安定
- $\angle G_o(j\omega) = -180$ [度] であれば制御系は不安定（持続振動）
- $\angle G_o(j\omega) < -180$ [度] であれば制御系は不安定（発散）

図 6.12 に，$G_c(s)$ と $G_p(s)$ を次式としたときの $G_o(j\omega)$ のボード線図を示す．

$$G_c(s) = 1, \qquad G_p(s) = \frac{6}{s(s+5)(s+2)} \tag{6.46}$$

$G_o(j\omega)$ の位相 $\angle G_o(j\omega)$ が -180 度のとき，$|G_o(j\omega)| < 1$ なので制御系は安定である．ここで，$G_o(j\omega)$ の位相が -180 度のときのゲインを G_1 とするとき，$-G_1$ をゲイン余裕とよぶ．また，$G_o(j\omega)$ のゲインが $0\,\mathrm{dB}$ のときの位相を θ_1 とする

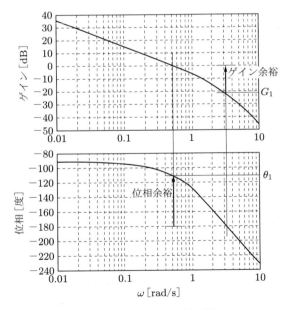

図 6.12   ゲイン余裕と位相余裕

とき，$\theta_1 + 180$ を位相余裕とよぶ．図では，$G_1 = -21\,[\mathrm{dB}]$ なのでゲイン余裕は 21 dB となる．また，$\theta_1 = -110\,[\text{度}]$ なので位相余裕は 70 度である．ゲイン余裕 や位相余裕が大きいほど，制御系は安定度が高く出力が振動しにくい．

つぎに，

$$G_c(s) = K \quad (\text{ただし，} K > 0) \tag{6.47}$$

として，制御系が安定となる K の範囲を求めてみよう．$G_c(j\omega)$ は比例の周波数伝 達関数なので，図 6.12 のゲイン線図が $20\log K$ だけ上下に平行移動し，位相線図 は変化しない．よって，制御系が安定であるために次式を満足する必要がある．

$$20\log K + G_1 < 0 \tag{6.48}$$

したがって，

$$20\log K < -21 \tag{6.49}$$

より，

$$K < 11.7 \tag{6.50}$$

となる．

フルビッツの安定判別法から得られる K の範囲と一致するか確かめてみる．

図 6.11 から $R(s)$ を入力，$Y(s)$ を出力とする伝達関数は，

$$G_r(s) = \frac{Y(s)}{R(s)} = \frac{G_o(s)}{1 + G_o(s)} = \frac{6K}{s^3 + 7s^2 + 10s + 6K} \tag{6.51}$$

であり，特性方程式は次式となる．

$$s^3 + 7s^2 + 10s + 6K = 0 \tag{6.52}$$

3 次の特性方程式なので，制御系が安定である必要十分条件は以下となる．

(1) すべての係数が正
(2) $H_2 > 0$

条件 (1) より，

$$K > 0 \tag{6.53}$$

条件 (2) より,

$$H_2 = \begin{vmatrix} 7 & 6K \\ 1 & 10 \end{vmatrix} = 70 - 6K > 0 \tag{6.54}$$

となるので,

$$K < \frac{35}{3} = 11.7 \tag{6.55}$$

が得られる. 式 (6.53) は式 (6.47) のただし書きと一致し, 式 (6.55) は式 (6.50) と一致する.

　以上のように, 図 6.11 のフィードバック制御系では, 式 (6.42) の周波数伝達関数 $G_o(j\omega)$ のボード線図を描いてゲイン余裕や位相余裕を調べることによって制御系の安定判別ができる. 一方, 式 (6.51) の伝達関数 $G_r(s)$ から特性方程式を求めて, 根が複素平面上の虚軸の左側にあるかどうかを調べることによっても制御系の安定判別ができる. 前者は周波数応答に基づいた安定判別, 後者は過渡応答に基づいた安定判別といえる.

6.7　伝達関数と定常状態の関係

　図 6.11 の制御系において, 定常状態では入力 $r(t)$ も出力 $y(t)$ も一定になる. つまり直流量となるので, 式 (6.51) より次式が得られる.

$$Y(j0) = G_r(j0)R(j0) \tag{6.56}$$

すなわち, $G_r(j0)$ を求めると定常状態における出力 $y(t)$ が求められる. $G_r(j0)$ は周波数伝達関数 $G_r(j\omega)$ で $\omega = 0$ としたものであるが, 伝達関数 $G_r(s)$ で $s = 0$ としても同じ値となる.

　式 (6.51) から $G_r(0) = 1$ となるので, 制御系が安定であれば定常状態において $y(t) = r(t)$ となる. 5.3 節ではラプラス変換の最終値定理を用いて定常状態の出力を求める方法を説明したが, これは $G_r(0)$ を求めるのと等価である.

演習問題

6.1　折れ線近似のゲイン線図が図 **6.13**(1)～(9) となる伝達関数 $G(s)$ を求めよ.

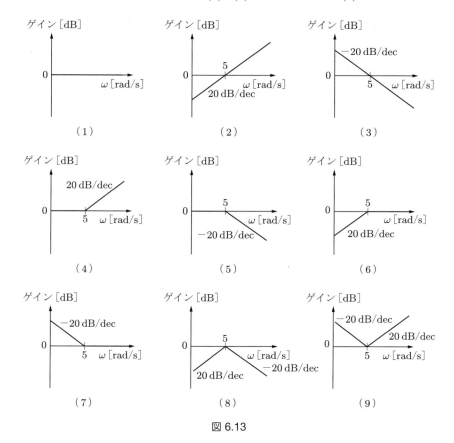

図 6.13

6.2　つぎの伝達関数 $G(s)$ のボード線図を描け. さらに, 折れ線近似のゲイン線図を描いて比較せよ.

$$G(s) = \frac{250(s+2)}{s(s+50)}$$

第7章　1次の制御対象のフィードバック制御

　本章ではまず，フィードバック制御系の基本構成と，制御系の応答解析に必要な目標値応答と外乱応答の伝達関数について説明する．つぎに，積分要素を制御対象とするフィードバック制御系の構成や，ボード線図を利用した制御器のゲインの設定方法を説明する．さらに，積分要素と比例要素から構成される1次の制御対象の制御法についても説明する．

7.1　フィードバック制御系の基本構成と伝達関数

　図7.1 にフィードバック制御系の基本構成を示す．ここで，$R(s)$ は目標値，$Y(s)$ は制御量，$D(s)$ は外乱，$U(s)$ は操作量，$E(s)$ は偏差（$= R(s) - Y(s)$），$G_p(s)$ は制御対象の伝達関数，$G_c(s)$ は制御器の伝達関数である．

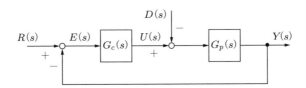

図7.1　フィードバック制御系の基本構成

　目標値，制御量，外乱，操作量の瞬時値をそれぞれ $r(t)$，$y(t)$，$d(t)$，$u(t)$ とすると，次式が成り立つ．

$$R(s) = \mathcal{L}[r(t)], \qquad Y(s) = \mathcal{L}[y(t)], \qquad D(s) = \mathcal{L}[d(t)], \qquad U(s) = \mathcal{L}[u(t)] \tag{7.1}$$

$$r(t) = \mathcal{L}^{-1}[R(s)], \quad y(t) = \mathcal{L}^{-1}[Y(s)], \quad d(t) = \mathcal{L}^{-1}[D(s)], \quad u(t) = \mathcal{L}^{-1}[U(s)] \tag{7.2}$$

ここで，$\mathcal{L}[x(t)]$ はラプラス変換，$\mathcal{L}^{-1}[X(s)]$ はラプラス逆変換を表す．

制御系の設計とは，制御対象の伝達関数 $G_p(s)$ に基づいて，制御器の伝達関数 $G_c(s)$ を求めるとともに，そのパラメータを決定することである．制御系の設計においては，以下の応答特性を考慮する必要がある．

(1) 目標値応答：目標値が変化したときの制御量の応答
(2) 外乱応答：外乱が変化したときの制御量の応答

目標値の変化に対して制御量はできるだけ速く追随することが望ましいので，目標値応答は速いほうがよい．また，外乱の変化に対して制御量はできるだけ変化しないことが望ましいので，外乱応答も速いほうがよい．

図 7.1 において，目標値 $R(s)$ を入力，制御量 $Y(s)$ を出力とする伝達関数を目標値応答の伝達関数とよび，$G_r(s)$ とする．また，外乱 $D(s)$ を入力，制御量 $Y(s)$ を出力とする伝達関数を外乱応答の伝達関数とよび，$G_d(s)$ とする．図から，これらの伝達関数を求めると次式が得られる．

$$G_r(s) = \frac{Y(s)}{R(s)} = \frac{G_c(s)G_p(s)}{1 + G_c(s)G_p(s)} \tag{7.3}$$

$$G_d(s) = \frac{Y(s)}{D(s)} = -\frac{G_p(s)}{1 + G_c(s)G_p(s)} \tag{7.4}$$

これらの式から，$G_c(s)$ を決めると目標値応答と外乱応答が決まることがわかる．このような制御系は 1 自由度制御系とよばれる．これに対して，目標値応答と外乱応答を個別に調整できる制御系は 2 自由度制御系とよばれる．本書では 1 自由度制御系を扱う．

つぎに，偏差 $E(s)$ を入力，制御量 $Y(s)$ を出力とする伝達関数を開ループ伝達関数とよぶ．この伝達関数を $G_o(s)$ とすると，次式で表される．

$$G_o(s) = G_c(s)G_p(s) \tag{7.5}$$

これに対して，目標値応答の伝達関数 $G_r(s)$ は閉ループ伝達関数ともよばれ，$G_o(s)$ を使うと次式で表される．

$$G_r(s) = \frac{Y(s)}{R(s)} = \frac{G_o(s)}{1 + G_o(s)} \tag{7.6}$$

さらに，目標値 $R(s)$ を入力，偏差 $E(s)$ を出力とする伝達関数 $G_{re}(s)$，および外乱 $D(s)$ を入力，$E(s)$ を出力とする伝達関数 $G_{de}(s)$ はそれぞれ次式となる．

$$G_{re}(s) = \frac{E(s)}{R(s)} = \frac{R(s) - Y(s)}{R(s)} = \frac{1}{1 + G_c(s)G_p(s)} = \frac{1}{1 + G_o(s)} \tag{7.7}$$

$$G_{de}(s) = \frac{E(s)}{D(s)} = -\frac{Y(s)}{D(s)} = -\frac{G_p(s)}{1 + G_c(s)G_p(s)} = -\frac{G_p(s)}{1 + G_o(s)} \tag{7.8}$$

目標値や外乱が一定のときに生じる偏差を定常偏差とよぶ. 式 (7.7), (7.8) において, $s = j\omega$ を代入すると周波数伝達関数が求められる. 目標値や外乱が一定のとき, 入力は直流 ($\omega = 0$) となるので, 両式で $s = 0$ とおけば定常偏差が求められる. よって, 目標値と外乱の一定値をそれぞれ R_{con} と D_{con} とすると, 定常偏差 E_{con} は次式となる.

$$E_{con} = G_{re}(0)R_{con} = \frac{1}{1 + G_o(0)}R_{con} \tag{7.9}$$

$$E_{con} = G_{de}(0)D_{con} = -\frac{G_p(0)}{1 + G_o(0)}D_{con} \tag{7.10}$$

式 (7.9) から, $G_o(0) = \infty$ となる場合は, 図 7.1 の制御系は目標値応答の定常偏差が生じないことがわかる. 一方, 式 (7.10) から, $G_c(0) = \infty$ となる場合は, 図 7.1 の制御系は外乱応答の定常偏差が生じないことがわかる.

7.2　ボード線図を利用した設計方法

本章ではボード線図を利用した設計方法を説明する. 第 6 章で説明したように, 図 7.1 の制御系の安定性にはゲイン余裕や位相余裕が関係する. そこで, 図 7.1 の制御系の開ループ伝達関数 $G_o(s)$ の位相余裕に着目した設計方法を説明する. すなわち, 開ループ周波数伝達関数 $G_o(j\omega)$ のゲイン交差角周波数において, 十分な位相余裕が確保できるように制御器の伝達関数 $G_c(s)$ を求める. **図 7.2** に設計の目標とする開ループ伝達関数 $G_o(j\omega)$ の折れ線近似のゲイン線図を示す. ゲイン交差角周波数 ω_c の前後, $\omega_1 \sim \omega_2$ の範囲でゲイン線図の傾きが $-20\,\mathrm{dB/dec}$ になるように設計する. このとき, $\omega_1 \leq \omega_c/5$, $\omega_2 \geq 5\omega_c$ を目安とする (演習問題 6.2 を参照). $\omega < \omega_1$ の範囲で傾きを $-40\,\mathrm{dB/dec}$ にするのは外乱応答を向上させるためである. また, $\omega > \omega_2$ の範囲で傾きを $-40\,\mathrm{dB/dec}$ にするのは制御量の検出値に含まれる測定ノイズの影響を低減するためである.

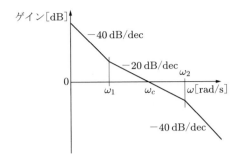

図 7.2　設計の目標とする開ループ伝達関数の折れ線近似のゲイン線図

7.3　積分の制御対象の場合

7.3.1　制御対象の例

　電気系と機械系における積分の制御対象の時間関数，制御量，操作量，外乱を**表 7.1** に示す．表において，固体と床との間の摩擦，およびモータの軸受の摩擦は無視している．

表 7.1　電気系と機械系における積分の制御対象の例

制御対象	時間関数	制御量	操作量	外乱
コンデンサ	$C\dfrac{dv_c}{dt} = i_u - i_d$	電圧 v_c	電流 i_u	電流 i_d
リアクトル	$L\dfrac{di_L}{dt} = v_u - v_d$	電流 i_L	電圧 v_u	電圧 v_d
床上の固体	$M\dfrac{dv}{dt} = f_u - f_d$	速度 v	作用力 f_u	反作用力 f_d
モータ	$J_m\dfrac{d\omega_m}{dt} = \tau_m - \tau_d$	回転速度 ω_m	駆動トルク τ_m	負荷トルク τ_d

　表 7.1 の制御対象はすべて次式の微分方程式で表すことができる．

$$K\frac{dy(t)}{dt} = u(t) - d(t) \tag{7.11}$$

また，ブロック線図は**図 7.3** となる．

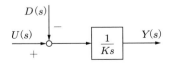

図 7.3　積分の制御対象のブロック線図

　以下では，制御対象が表 7.1 のコンデンサの場合を例として制御系の設計方法を説明する．**図 7.4** に，コンデンサ電圧のフィードバック制御系のブロック線図を示す．

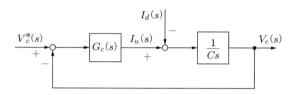

図 7.4　コンデンサ電圧のフィードバック制御系のブロック線図

7.3.2　比例制御（P 制御）

　まず，制御対象の伝達関数 $G_p(s)$ は次式となる．

$$G_p(s) = \frac{1}{Cs} \tag{7.12}$$

制御対象は積分要素なので，ゲイン線図の傾きは $-20\,\mathrm{dB/dec}$ である．よって，開ループ伝達関数のゲイン線図が $-20\,\mathrm{dB/dec}$ の傾きで ω 軸（ゲインが $0\,\mathrm{dB}$ の線）と交わるためには，制御器は比例制御器とすればよい．そこで，制御器の伝達関数 $G_c(s)$ は次式とする．

$$G_c(s) = K_p \tag{7.13}$$

ここで，K_p を比例ゲインとよぶ．このとき，図 7.4 の制御系は比例制御系または P 制御系とよばれる．

　比例ゲイン K_p はつぎのようにして設定する．まず，制御系の開ループ伝達関数 $G_o(s)$ は次式で表される．

$$G_o(s) = G_c(s)G_p(s) = \frac{K_p}{Cs} \tag{7.14}$$

ゲイン線図は**図 7.5** の実線となり，ゲイン交差角周波数 ω_c は次式となる．

$$\omega_c = \frac{K_p}{C} \tag{7.15}$$

また，図 7.4 の P 制御系の目標値応答と外乱応答の伝達関数は次式となる．

$$G_r(s) = \frac{V_c(s)}{V_c^*(s)} = \frac{G_o(s)}{1 + G_o(s)} = \frac{K_p}{K_p + Cs} = \frac{1}{1 + T_c s} \tag{7.16}$$

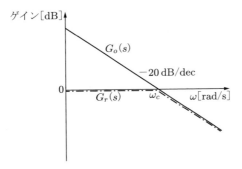

図 7.5　P 制御系の折れ線近似のゲイン線図

$$G_d(s) = \frac{V_c(s)}{I_d(s)} = -\frac{G_p(s)}{1 + G_o(s)} = -\frac{1}{K_p + Cs} \tag{7.17}$$

ここで，

$$T_c = \frac{C}{K_p} \tag{7.18}$$

である．式 (7.16) から目標値応答は 1 次遅れの伝達関数となり，折れ線近似のゲイン線図は図 7.5 の一点鎖線となる．そのため，ゲイン交差角周波数までの角周波数の正弦波の目標値にはコンデンサ電圧が追随するとみなすことができる．正確にいえば，目標値がゲイン交差角周波数の正弦波電圧のとき，コンデンサ電圧の振幅は 0.71 倍，位相は 45 度遅れとなる（6.3.5 項参照）．そこで，ゲイン交差角周波数を制御系の応答角周波数 ω_c とみなし，ω_c の値をあらかじめ設定する．すると，比例ゲイン K_p の値は式 (7.15) の関係から次式を用いて設定することができる．

$$K_p = C\omega_c \tag{7.19}$$

あるいは，式 (7.18)，(7.19) から応答角周波数 ω_c と時定数 T_c との間には，

$$T_c = \frac{1}{\omega_c} \tag{7.20}$$

の関係が成り立つので，ω_c の代わりに T_c を設定しても K_p が求まる．
　つぎに，片対数グラフ用紙を用いて設計する場合は**図 7.6** のように行う．

- Step 1：制御対象の伝達関数 $G_p(s)$ のゲイン線図 G_1 を描く．ゲイン交差角周波数は $1/C$ である．
- Step 2：制御器は比例制御器なので，開ループ伝達関数 $G_o(s)$ のゲイン線

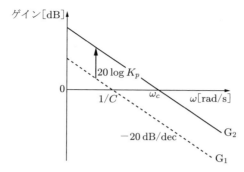

図 7.6　ボード線図を用いた P 制御系の設計

図は $G_p(s)$ のゲイン線図 G_1 と平行になる．そこで，ゲイン交差角周波数が応答角周波数 ω_c となるように $G_o(s)$ のゲイン線図 G_2 を描く．すると，G_2 と G_1 の間隔が $20 \log K_p$ となるので，この間隔を読み取れば比例ゲイン K_p の値を求めることができる．

　時定数 T_c を設定値として変化させたときの目標値応答と外乱応答を **図 7.7** に示す．なお，$C = 1\,[\mathrm{mF}]$ とした．図 7.7 から，コンデンサ電圧は $t = T_c$ のときに $0.632\,\mathrm{V}$ となる．また，目標値応答には定常偏差は生じないが，外乱応答には定常偏差が生じる．このことは，式 (7.16) において $G_r(0) = 1$，式 (7.17) において $G_d(0) = -1/K_p \neq 0$ となることからも明らかである．

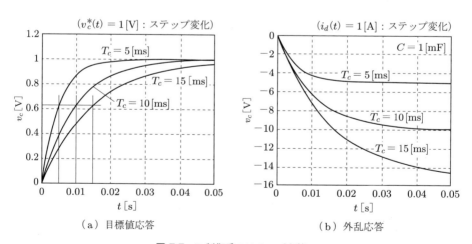

（a）目標値応答　　　　　　　　　　（b）外乱応答

図 7.7　P 制御系のステップ応答

7.3.3 比例積分制御 (PI 制御)

　P 制御の場合，外乱応答に定常偏差が生じる．定常偏差をなくすためには，制御器の伝達関数 $G_c(s)$ が $G_c(0) = \infty$ を満足する必要がある．そこで，積分要素を加えた比例積分制御（以下，PI 制御）系にする必要がある．

　制御器の伝達関数 $G_c(s)$ を

$$G_c(s) = K_p + \frac{K_i}{s} \tag{7.21}$$

で与えると，開ループ伝達関数 $G_o(s)$，目標値応答と外乱応答の伝達関数 $G_r(s)$，$G_d(s)$ は次式となる．

$$G_o(s) = \frac{1}{Cs} \cdot \frac{K_p s + K_i}{s} \tag{7.22}$$

$$G_r(s) = \frac{K_p s + K_i}{Cs^2 + K_p s + K_i} \tag{7.23}$$

$$G_d(s) = -\frac{1}{Cs^2 + K_p s + K_i} \tag{7.24}$$

ここで，K_i を積分ゲインとよぶ．

　以下に，ゲインの設定方法を説明する．

　まず，式 (7.21) を次式のように変形する．

$$G_c(s) = K_p \cdot \frac{s + \omega_{pi}}{s} \tag{7.25}$$

ここで，ω_{pi} は PI 折れ点角周波数とよばれ，次式で表される．

$$\omega_{pi} = \frac{K_i}{K_p} \tag{7.26}$$

図 7.8 に PI 制御器の折れ線近似のゲイン線図を示す．制御対象は積分要素なので，

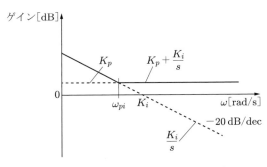

図 7.8　PI 制御器の折れ線近似のゲイン線図

開ループ伝達関数 $G_o(s)$ のゲイン線図 が $-20\,\mathrm{dB/dec}$ の傾きで ω 軸と交差するために，応答角周波数 ω_c は ω_{pi} より高く設定する必要がある．

　式 (7.22) の開ループ伝達関数 $G_o(s)$ は，式 (7.19) を代入すると次式のように変形できる．

$$G_o(s) = \frac{\omega_c}{s} \cdot \frac{s + \omega_{pi}}{s} \tag{7.27}$$

よって，$G_o(s)$ の折れ線近似のゲイン線図は**図 7.9** になる．

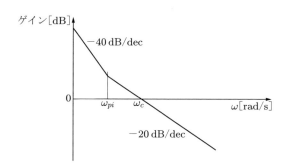

図 7.9　PI 制御系の $G_o(s)$ の折れ線近似のゲイン線図

つぎに，ω_{pi} が次式を満足するように設定する．

$$\omega_{pi} = \frac{\omega_c}{n} \quad (n > 1) \tag{7.28}$$

式 (7.23) に式 (7.19)，(7.26)，(7.28) を代入して，K_p と K_i を消去すると次式が得られる．

$$G_r(s) = \frac{\omega_c s + \omega_c \omega_{pi}}{s^2 + \omega_c s + \omega_c \omega_{pi}} = \frac{\omega_c s + \omega_c^2/n}{s^2 + \omega_c s + \omega_c^2/n} \tag{7.29}$$

$G_r(s)$ はつぎの 1 次進み 2 次遅れ要素の伝達関数になっていることがわかる．

$$G_r(s) = \frac{2\zeta\omega_n s + \omega_n^2}{s^2 + 2\zeta\omega_n s + \omega_n^2} \tag{7.30}$$

そこで，これらの式から減衰率 ζ と固有角周波数 ω_n を求めると次式となる．

$$\zeta = \frac{\sqrt{n}}{2}, \qquad \omega_n = \frac{\omega_c}{\sqrt{n}} \tag{7.31}$$

減衰率 ζ と n の関係を図示すると**図 7.10** となる．

　以上のことから，応答角周波数 ω_c を設定すると式 (7.19) から比例ゲイン K_p の値が求まる．さらに，式 (7.28) の n の値を設定すれば，式 (7.26) から積分ゲイン

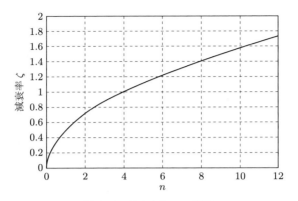

図 7.10　減衰率と n の関係

K_i の値は次式で求まる.

$$K_i = \frac{C\omega_c^2}{n} \tag{7.32}$$

また，式 (7.24) の外乱応答の伝達関数 $G_d(s)$ を ω_c と n を用いて表現すると次式となる.

$$G_d(s) = -\frac{1}{C} \cdot \frac{s}{s^2 + \omega_c s + \omega_c^2/n} \tag{7.33}$$

つぎに，片対数グラフ用紙を用いて設計する場合は**図 7.11** のように行う.

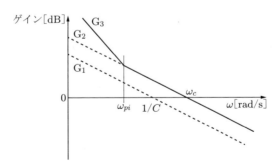

図 7.11　ボード線図を用いた PI 制御系の設計

- Step 1：制御対象の伝達関数 $G_p(s)$ のゲイン線図 G_1 を描く.
- Step 2：G_1 と平行に応答角周波数 ω_c で ω 軸と交差する直線 G_2 を引く. すると，G_2 と G_1 の間隔が $20\log K_p$ となるので，この間隔を読み取れば比例ゲイン K_p の値を求めることができる.

- **Step 3**：PI 折れ点角周波数 ω_{pi} は，ω_c の $1/n$ 倍になるように設定する．すると，角周波数が ω_{pi} 以下のときには直線 G_2 の傾きを $-40\,\mathrm{dB/dec}$ に変化させた折れ線 G_3 が描ける．この折れ線 G_3 が開ループ伝達関数 $G_o(s)$ のゲイン線図となる．このとき，積分ゲイン K_i の値は式 (7.32) から，制御系の減衰率 ζ は式 (7.31) からそれぞれ求まる．

$C = 1\,[\mathrm{mF}]$，$\omega_c = 100\,[\mathrm{rad/s}]$ としたときの目標値応答と外乱応答のステップ応答を **図 7.12** に示す．コンデンサ電圧の目標値と外乱（コンデンサの放電電流）のステップ幅はそれぞれ，$1\,\mathrm{V}$，$0.1\,\mathrm{A}$ である．また，式 (7.28) の n をパラメータとした．括弧内の数値は式 (7.31) から求めた減衰率 ζ である．n の値を小さくするにつれて，目標値応答の立ち上がりは速くなるが，オーバーシュートや振動が生じる．また，外乱応答も n の値を小さくするにつれて速くなる．さらに，目標値応答，外乱応答ともに定常偏差は生じない．

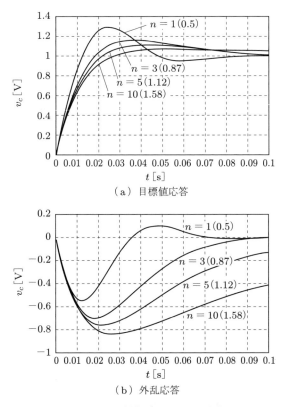

（a）目標値応答

（b）外乱応答

図 7.12　PI 制御系のステップ応答

7.3.4 比例積分微分制御（PID 制御）

図 7.1 のフィードバック制御系では P 制御や PI 制御のほかに PID 制御も使用される．そこで，PID 制御を用いた場合について説明する．

まず，図 7.4 の制御器の伝達関数 $G_c(s)$ を次式とする．

$$G_c(s) = K_p + \frac{K_i}{s} + K_d s \tag{7.34}$$

ここで，K_d を微分ゲインとよぶ．

しかし，目標値がステップ変化する場合，微分によって操作量 $i_u(t)$ が変化するのはステップ変化の瞬間だけであり，しかもその瞬間，$i_u(t)$ は無限大となる．実際の制御系では $i_u(t)$ の最大値に制限があるため，微分によって $i_u(t)$ が瞬間的に飽和するだけで，制御量 $v_c(t)$ の応答にはほとんど影響しない．そこで，目標値の微分演算を行わない制御系として，**図 7.13** に示す PID 制御系がよく使用される．この制御系は，微分先行型 PID 制御系とよばれている．

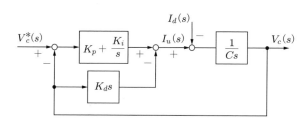

図 7.13 微分先行型 PID 制御系のブロック線図

図 7.13 を変形すると**図 7.14** のブロック線図が得られる．すなわち，微分先行型 PID 制御系は，制御対象のコンデンサ容量が $C + K_d$ に変化した PI 制御系と等価である．そこで，制御系の応答角周波数 ω_c を設定すると，比例ゲイン K_p は次式から求められる．

$$K_p = \omega_c(C + K_d) \tag{7.35}$$

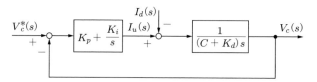

図 7.14 図 7.13 と等価な PI 制御系のブロック線図

さらに，式 (7.28) の n の値を設定すれば，積分ゲイン K_i は式 (7.32) から求まる．

よって，目標値応答と外乱応答の伝達関数 $G_r(s)$, $G_d(s)$ はそれぞれ次式となる．

$$G_r(s) = \frac{2\zeta\omega_n s + \omega_n^2}{s^2 + 2\zeta\omega_n s + \omega_n^2} \tag{7.36}$$

$$G_d(s) = -\frac{1}{C + K_d} \cdot \frac{s}{s^2 + \omega_c s + \omega_c^2/n} \tag{7.37}$$

したがって，PI 制御系と微分先行型 PID 制御系の応答角周波数 ω_c と n の値を同じにしたときは，両者の目標値応答は同じになる．一方，外乱応答は式 (7.37) から K_d の値によって応答の振幅が変化することがわかる．

7.3.5　積分比例制御（I-P 制御）

図 7.15 のフィードバック制御系を I-P 制御系とよぶ．この制御系の比例ゲイン K_{p1} と積分ゲイン K_{i1} の設定方法について説明する．

まず，図 7.15 を変形すると**図 7.16** が得られ，制御系の開ループ伝達関数 $G_o(s)$ は次式となる．

$$G_o(s) = \frac{K_{i1}}{s} \cdot \frac{1}{Cs + K_{p1}} = \frac{\omega_c}{s} \cdot \frac{\omega_p}{s + \omega_p} \tag{7.38}$$

ここで，

$$\omega_c = \frac{K_{i1}}{K_{p1}}, \qquad \omega_p = \frac{K_{p1}}{C} \tag{7.39}$$

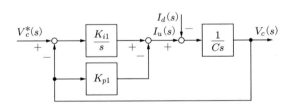

図 7.15　I-P 制御系のブロック線図

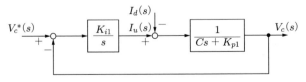

図 7.16　図 7.15 と等価な I-P 制御系のブロック線図

である．式 (7.38) からわかるように，$G_o(s)$ は積分と 1 次遅れの伝達関数の積になっている．したがって，$G_o(s)$ のゲイン線図が $-20\,\text{dB/dec}$ の傾きで ω 軸と交差するために，ω_p は次式を満足するように設定する．

$$\omega_p = m\omega_c \quad (m > 1) \tag{7.40}$$

このときの折れ線近似のゲイン線図を**図 7.17** に示す．よって，応答角周波数 ω_c と m の値を設定すると，比例ゲイン K_{p1} と積分ゲイン K_{i1} の値は次式から求められる．

$$K_{p1} = mC\omega_c, \qquad K_{i1} = \omega_c K_{p1} = mC\omega_c^2 \tag{7.41}$$

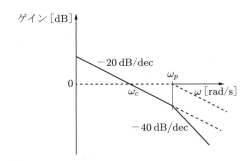

図 7.17　I-P 制御系の $G_o(s)$ の折れ線近似のゲイン線図

つぎに，目標値応答と外乱応答の伝達関数 $G_r(s)$，$G_d(s)$ はそれぞれ次式となる．

$$G_r(s) = \frac{K_{i1}}{Cs^2 + K_{p1}s + K_{i1}} = \frac{m\omega_c^2}{s^2 + m\omega_c s + m\omega_c^2} \tag{7.42}$$

$$G_d(s) = -\frac{s}{Cs^2 + K_{p1}s + K_{i1}} = -\frac{1}{C} \cdot \frac{s}{s^2 + m\omega_c s + m\omega_c^2} \tag{7.43}$$

$G_r(s)$ は 2 次遅れ要素の伝達関数となっており，減衰率 ζ と固有角周波数 ω_n を求めると次式となる．

$$\zeta = \frac{\sqrt{m}}{2}, \qquad \omega_n = \sqrt{m}\omega_c \tag{7.44}$$

$C = 1\,[\text{mF}]$，$\omega_c = 100\,[\text{rad/s}]$ としたときの目標値応答と外乱応答のステップ応答を**図 7.18** に示す．コンデンサ電圧の目標値と外乱（コンデンサの放電電流）のステップ幅はそれぞれ，1 V，0.1 A である．また，式 (7.40) の m をパラメータとした．括弧内の数値は式 (7.44) から求めた減衰率 ζ である．図 7.12 の PI 制御系の応答と比較すると，つぎのことがわかる．

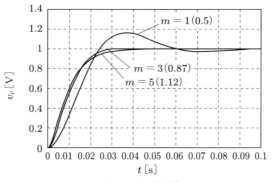

（a）目標値応答

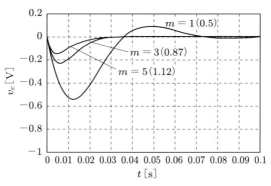

（b）外乱応答

図 7.18　I-P 制御系のステップ応答

(1) 目標値応答の立ち上がりは PI 制御のほうが速い．この理由は，PI 制御系の開ループ伝達関数のゲイン線図（図 7.9）と I-P 制御系の開ループ伝達関数のゲイン線図（図 7.17）を比べると，PI 制御系のほうが $\omega < \omega_{pi}$ の範囲でゲインが大きいためである．

(2) 外乱応答は I-P 制御系のほうが速い．つまり，コンデンサ電圧の変化が小さい．この理由を調べるために，外乱応答の伝達関数 $G_d(s)$ のゲイン線図を PI 制御系と I-P 制御系で比較したのが**図 7.19** である．$G_d(s)$ のゲインが小さいほど，コンデンサ電圧の変化が小さいので，外乱応答は I-P 制御系のほうが速い．

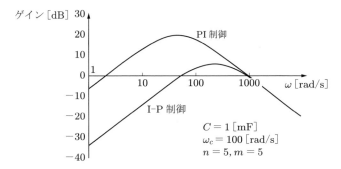

図 7.19 PI 制御系と I-P 制御系の外乱応答の伝達関数のゲイン線図

式 (7.33) から，PI 制御系の $G_d(s)$ は以下のように近似できる.

$$\omega \text{ が小のとき}: G_d(s) \cong -\frac{ns}{C\omega_c^2}, \qquad \omega \text{ が大のとき}: G_d(s) \cong -\frac{1}{Cs}$$

$$(7.45)$$

同様に，式 (7.43) から，I-P 制御系の $G_d(s)$ は以下のように近似できる.

$$\omega \text{ が小のとき}: G_d(s) \cong -\frac{s}{mC\omega_c^2}, \qquad \omega \text{ が大のとき}: G_d(s) \cong -\frac{1}{Cs}$$

$$(7.46)$$

よって，ω が小さい領域では，I-P 制御系の $G_d(s)$ の絶対値は PI 制御系の $1/mn$ 倍となる. 図 7.19 では，$n = m = 5$ なので $1/25$ 倍（$-28\,\mathrm{dB}$）となる.

7.4 1 次の制御対象の場合

7.4.1 制御対象の例

電気系と機械系における 1 次の制御対象の時間関数の例を示す.

(1) コンデンサと抵抗の並列回路

$$C\frac{dv_c(t)}{dt} + \frac{v_c(t)}{R} = i_u(t) - i_d(t) \tag{7.47}$$

(2) リアクトルと抵抗の直列回路

$$L\frac{di_L(t)}{dt} + Ri_L(t) = v_u(t) - v_d(t) \tag{7.48}$$

(3) 床上の固体（固体と床との間に摩擦あり）

$$M\frac{dv(t)}{dt} + Dv(t) = f_u(t) - f_d(t) \tag{7.49}$$

ここで，D は固体と床との間の粘性摩擦係数である.

(4) モータ（軸受の摩擦あり）

$$J_m\frac{d\omega_m(t)}{dt} + D_m\omega_m(t) = \tau_u(t) - \tau_d(t) \tag{7.50}$$

ここで，D_m はモータの軸受の粘性摩擦係数である.

これらの制御対象はすべて次式の微分方程式で表すことができる.

$$K_1\frac{dy(t)}{dt} + K_2y(t) = u(t) - d(t) \tag{7.51}$$

また，ブロック線図は**図 7.20** となる．図 (a) は要素を分けた場合，図 (b) は要素をまとめた場合のブロック線図である.

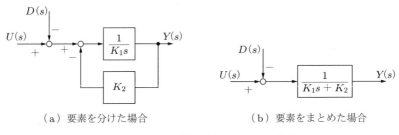

（a）要素を分けた場合　　　　　　（b）要素をまとめた場合

図 7.20　1 次の制御対象のブロック線図

7.4.2　PI 制御

以下，式 (7.48) の LR 回路を制御対象としたフィードバック制御系の設計方法を説明する．制御量はリアクトルの電流になるが，抵抗の電圧を検出できる場合と，できない場合とで設計方法が異なる.

(1)　抵抗の電圧が検出できる場合

リアクトル電流のフィードバック制御系のブロック線図を**図 7.21** に示す．この場合は，図 (a) に示すように，制御器の出力電圧 $V_u'(s)$ に検出した抵抗の電圧 $V_R(s)$ を加算した電圧を操作量 $V_u(s)$ とする．すると，$V_R(s)$ が打ち消されて制御

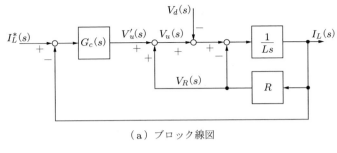

（a）ブロック線図

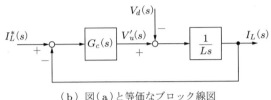

（b）図(a)と等価なブロック線図

図 7.21 抵抗の電圧が検出できる場合のリアクトル電流制御系のブロック線図

系のブロック線図は図 (b) となり，制御対象は積分要素になる．よって，7.3 節で説明した方法を用いて制御系の設計ができる．

（2） 抵抗の電圧が検出できない場合

リアクトル電流の制御系のブロック線図を**図 7.22** に示す．制御器は PI 制御器とすると，制御系の開ループ伝達関数 $G_o(s)$ は次式となる．

$$G_o(s) = \frac{K_p s + K_i}{s} \cdot \frac{1}{Ls + R} \tag{7.52}$$

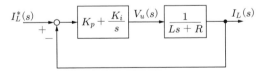

図 7.22 抵抗の電圧が検出できない場合のリアクトル電流制御系のブロック線図

図 7.23 に折れ線近似のゲイン線図を示す．破線は，$1/(Ls + R)$ のゲイン線図である．角周波数 $\omega = 1/L$ のとき，ゲインは $0\,\mathrm{dB}$ となる．また，$\omega < R/L$ のとき，ゲインの傾きは 0 となり，$\omega \geq R/L$ のとき，ゲインの傾きは $-20\,\mathrm{dB/dec}$ となる．ここで，$R < 1\,[\Omega]$ としている．一点鎖線は，PI 制御器のゲイン線図で，PI 折れ点角周波数 ω_{pi} を R/L より小さくした場合である．このとき，電流制御系の開ルー

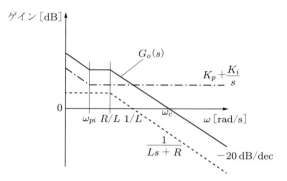

図 7.23 開ループ伝達関数 $G_o(s)$ のゲイン線図

プ伝達関数 $G_o(s)$ のゲイン線図は実線となる.

　よって，制御系の応答角周波数 ω_c を図のように R/L より大きく設定すると，比例ゲイン K_p は次式を用いて設定できる.

$$K_p = L\omega_c \tag{7.53}$$

また，PI 折れ点角周波数 ω_{pi} を式 (7.28) を用いて設定すると，積分ゲイン K_i が求まる.

$$K_i = \omega_{pi}K_p \tag{7.54}$$

このとき，目標値応答と外乱応答の伝達関数 $G_r(s)$，$G_d(s)$ はそれぞれ次式となる.

$$G_r(s) = \frac{K_p s + K_i}{s^2 + (K_p + R)s + K_i} = \frac{\omega_c s + \omega_c^2/n}{s^2 + (\omega_c + \omega_1)s + \omega_c^2/n} \tag{7.55}$$

$$G_d(s) = -\frac{1}{L} \cdot \frac{s}{s^2 + (K_p + R)s + K_i} = -\frac{1}{L} \cdot \frac{s}{s^2 + (\omega_c + \omega_1)s + \omega_c^2/n} \tag{7.56}$$

ここで，$\omega_1 = R/L$ である.

　さて，$\omega_c/n = \omega_1$ となるように n を設定すると，式 (7.55) と式 (7.56) は次式となる.

$$G_r(s) = \frac{\omega_c}{s + \omega_c} \tag{7.57}$$

$$G_d(s) = -\frac{1}{L} \cdot \frac{s}{s^2 + (\omega_c + \omega_1)s + \omega_c\omega_1} \tag{7.58}$$

すなわち，目標値応答は応答角周波数が ω_c の 1 次系の応答と一致する. 一方，外

乱応答は1次系の応答にはならないが，$s^2 + (\omega_c + \omega_1)s + \omega_c\omega_1 = (s + \omega_c)(s + \omega_1)$ と変形できるので減衰率は1より大きくなる．

ここで，式 (7.52) は式 (7.53)，(7.54) を代入すると次式のように変形できる．

$$G_o(s) = \frac{\omega_c}{s} \cdot \frac{s + \omega_{pi}}{s + \omega_1} \tag{7.59}$$

すなわち，応答角周波数 ω_c が ω_1 と ω_{pi} より十分大きくなるように ω_c と ω_{pi} を設定すると，$G_o(s)$ のゲイン線図は $-20\,\mathrm{dB/dec}$ の傾きで ω 軸と交わる．これがゲイン設定の考え方である．

$R = 0.1\,[\Omega]$，$L = 5\,[\mathrm{mH}]$，$\omega_1 = 20\,[\mathrm{rad/s}]$，$\omega_c = 500\,[\mathrm{rad/s}]$ としたときの目標値応答と外乱のステップ応答を**図 7.24** に示す．リアクトル電流の目標値と外乱電

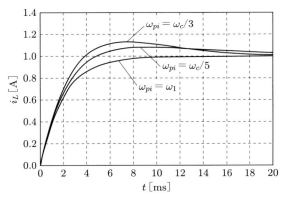

（a）目標値応答

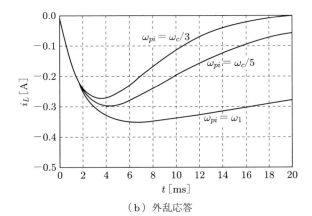

（b）外乱応答

図 7.24 リアクトル電流の PI 制御系のステップ応答

圧のステップ幅はそれぞれ，1 A，1 V である．また，PI 折れ点角周波数 ω_{pi} をパラメータとした．目標値応答の立ち上がり時間の差は少ないが，外乱応答に関しては ω_{pi} をできるだけ ω_c に近づけるほうがよいといえる．

7.4.3 I-P 制御

I-P 制御の適用も可能である．**図 7.25**(a) にリアクトル電流の I-P 制御系のブロック線図を示す．図 (a) を変形すると図 (b) のブロック線図が得られる．図 7.16 と比べると，C が L に，K_{p1} が $K_{p1} + R$ に置き換わっただけである．

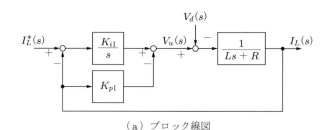

（a）ブロック線図

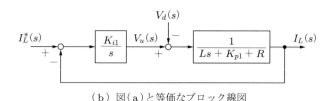

（b）図（a）と等価なブロック線図

図 7.25 リアクトル電流の I-P 制御系のブロック線図

よって，式 (7.39) を

$$\omega_c = \frac{K_{i1}}{K_{p1} + R}, \qquad \omega_p = \frac{K_{p1} + R}{L} \tag{7.60}$$

に置き換えて，

$$\omega_p = m\omega_c \quad (m > 1) \tag{7.61}$$

とする．応答角周波数 ω_c と m の値を設定すると，比例ゲイン K_{p1} と積分ゲイン K_{i1} の値は次式から求まる．

$$K_{p1} = mL\omega_c - R, \qquad K_{i1} = \omega_c K_{p1} = \omega_c(mL\omega_c - R) \tag{7.62}$$

さらに，目標値応答の伝達関数 $G_r(s)$ を求めると次式となり，式 (7.42) と同じに

なる.

$$G_r(s) = \frac{K_{i1}}{Ls^2 + (K_{p1} + R)s + K_{i1}} = \frac{m\omega_c^2}{s^2 + m\omega_c s + m\omega_c^2} \qquad (7.63)$$

また, 外乱応答の伝達関数 $G_d(s)$ を求めると次式となり, 式 (7.43) の C を L に置き換えた式となる.

$$G_d(s) = -\frac{s}{Ls^2 + (K_{p1} + R)s + K_{i1}} = -\frac{1}{L} \cdot \frac{s}{s^2 + m\omega_c s + m\omega_c^2}$$
$$(7.64)$$

第8章

2次の制御対象の フィードバック制御

　本章では，二つの積分要素を含む2次の制御対象のフィードバック制御法について説明する．第5章で説明したように，2次の制御対象は減衰率が小さいと過渡応答が振動的になる．よって，制御量の振動発生を抑制しつつ，目標値に速く追従させることが制御器設計の目標となる．これらの目標を達成できる複数の制御方式とゲインの設定方法について説明する．また，古典制御のI-PD制御は，現代制御のサーボ系と等価であることを示す．

8.1　積分要素の直列結合の制御対象の場合

8.1.1　制御対象の例

　モータの制御量を回転角 $\theta_m(t)$ とすると，時間関数は次式となる．ただし，モータの軸受の摩擦はないものとする．

$$J_m \frac{d^2\theta_m(t)}{dt^2} = \tau_m(t) - \tau_d(t) \tag{8.1}$$

ブロック線図は**図 8.1** に示すように，積分要素が直列接続された構成となる．

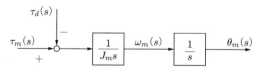

図 8.1　モータのブロック線図

　つぎに，床上に置かれた固体の制御量を位置 $x(t)$ とすると時間関数は次式となる．ただし，固体と床との間の摩擦はないものとする．この場合も，ブロック線図は積分要素が直列接続された構成となる．

$$M\frac{d^2x(t)}{dt^2} = f_u(t) - f_d(t) \tag{8.2}$$

ここでは，モータを制御対象としたときの回転角の制御法を説明する．トルク $\tau_m(t)$ を入力，回転角 $\theta_m(t)$ を出力とする伝達関数のゲイン線図は，傾きが $-40\,\mathrm{dB/dec}$ の直線となる．したがって，制御器を含むフィードバック制御系の開ループ伝達関数 $G_o(s)$ のゲイン線図が，制御系の応答角周波数 ω_{pc} の付近で $-20\,\mathrm{dB/dec}$ の傾きの直線となるように制御器を設計する必要がある．

8.1.2　微分先行型 PID 制御

図 8.2(a) に微分先行型 PID 制御系のブロック線図を示す．この図 (a) を変形すると図 (b) が得られる．図 (b) において，T_d は次式で示される．

$$T_d = \frac{J_m}{K_d} \tag{8.3}$$

図 (b) より，開ループ伝達関数 $G_o(s)$ は次式となる．

$$G_o(s) = G_c(s)G_p'(s) = \frac{K_p s + K_i}{s} \cdot \frac{1}{K_d s(1 + T_d s)} \tag{8.4}$$

つぎに，**図 8.3** を用いてゲインの設定方法を説明する．図には，トルク $\tau_m(t)$ を入力，回転角 $\theta_m(t)$ を出力とするモータの伝達関数のゲイン線図が破線で示され

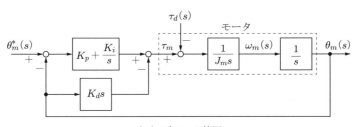

（a）ブロック線図

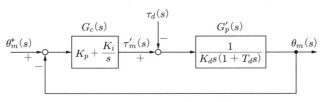

（b）変形したブロック線図

図 8.2　微分先行型 PID 制御系のブロック線図

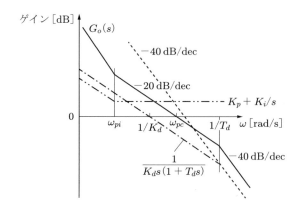

図 8.3 微分先行型 PID 制御系のゲイン設定方法

ている．ゲイン線図の傾きは $-40\,\mathrm{dB/dec}$ で，ゲイン交差角周波数は $1/\sqrt{J_m}$ である．式 (8.4) からわかるように，PI 制御器の出力 $\tau'_m(t)$ を入力，$\theta_m(t)$ を出力とする伝達関数 $G'_p(s)$ は積分と 1 次遅れの積となり，折れ線近似のゲイン線図は図 8.3 の一点鎖線となる．すなわち，$\omega < 1/T_d$ の範囲ではモータは積分要素と等価になり，伝達関数は $1/K_d s$ に近似できる．

したがって，回転角制御系の応答角周波数 ω_{pc} を $1/T_d$ より低い値に設定すれば，7.3 節で説明した制御対象が積分の場合の PI 制御系と同様の方法で，比例ゲイン K_p と積分ゲイン K_i を設定することができる．PI 折れ点角周波数 ω_{pi} は ω_{pc} の $1/n$ 倍，$1/T_d$ は ω_{pc} の m 倍に設定すると，次式が成り立つ．

$$K_p = K_d \omega_{pc} \tag{8.5}$$

$$\omega_{pi} = \frac{K_i}{K_p} = \frac{\omega_{pc}}{n} \tag{8.6}$$

$$\frac{1}{T_d} = \frac{K_d}{J_m} = m\omega_{pc} \tag{8.7}$$

よって，ω_{pc}, n, m の三つの値を設定すると，制御器のゲインは次式で求められる．

$$K_p = n\omega_{pc}^2 J_m, \qquad K_i = m\omega_{pc}^3 \frac{J_m}{n}, \qquad K_d = m\omega_{pc} J_m \tag{8.8}$$

また，図 7.2 (p.83) と比べると，ω_{pi} が ω_1 に，ω_{pc} が ω_c に，$1/T_d$ が ω_2 に，それぞれ対応することがわかる．

つぎに，図 8.2(b) から，目標値応答と外乱応答の伝達関数 $G_r(s)$, $G_d(s)$ を求めると次式となる．

$$G_r(s) = \frac{K_p s + K_i}{J_m s^3 + K_d s^2 + K_p s + K_i} \tag{8.9}$$

$$G_d(s) = -\frac{s}{J_m s^3 + K_d s^2 + K_p s + K_i} \tag{8.10}$$

式 (8.8) を代入すると次式が得られる.

$$G_r(s) = \frac{m\omega_{pc}^2 s + (m/n)\omega_{pc}^3}{s^3 + m\omega_{pc}s^2 + m\omega_{pc}^2 s + (m/n)\omega_{pc}^3} \tag{8.11}$$

$$G_d(s) = -\frac{1}{J_m} \cdot \frac{s}{s^3 + m\omega_{pc}s^2 + m\omega_{pc}^2 s + (m/n)\omega_{pc}^3} \tag{8.12}$$

$G_r(0) = 1,\ G_d(0) = 0$ となるので, 目標値応答, 外乱応答ともに定常偏差は生じない.

8.1.3　1次進み遅れ制御

制御系の開ループ伝達関数 $G_o(s)$ のゲイン線図を図 8.3 のようにする別の方法として, 1次進み遅れ制御を行う方法がある. 制御系のブロック線図を**図 8.4** に示す. 制御系の開ループ伝達関数 $G_o(s)$ は次式となる.

$$G_o(s) = \frac{K_p(1 + T_2 s)}{1 + T_1 s} \cdot \frac{1}{J_m s^2} \tag{8.13}$$

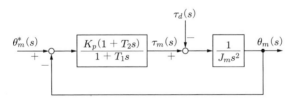

図 8.4　1次進み遅れ制御系のブロック線図

つぎに**図 8.5** を用いて, 制御器の比例ゲイン K_p と時定数 $T_1,\ T_2$ の設定方法を説明する. 図には, モータの伝達関数 $1/J_m s^2$ のゲイン線図が破線で示されている. $T_2 > T_1$ となるように時定数 $T_1,\ T_2$ を設定すると, $(1 + T_2 s)/(1 + T_1 s)$ の伝達関数の折れ線近似のゲイン線図は一点鎖線のようになり, $1/T_2 < \omega < 1/T_1$ の範囲では傾きが $20\,\mathrm{dB/dec}$ となる. よって, 図 8.4 の制御系の開ループ伝達関数 $G_o(s)$ のゲイン線図は, この角周波数範囲では傾きが $-20\,\mathrm{dB/dec}$ となる. そこで, $G_o(s)$ のゲイン交差角周波数が制御系の応答角周波数 ω_{pc} と一致するように, 比例ゲイン K_p の値を設定すればよい. この角周波数範囲では, $G_o(s)$ は次式で近似できる.

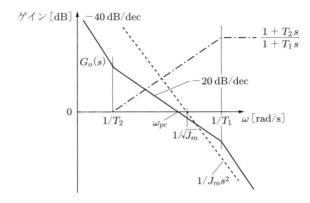

図 8.5 1 次進み遅れ制御系の制御パラメータの設定方法

$$G_o(s) \cong \frac{K_p T_2}{J_m s} \tag{8.14}$$

さらに，$1/T_2$ を ω_{pc} の $1/n$ 倍，$1/T_1$ を ω_{pc} の m 倍に設定すると次式が成り立つ.

$$\frac{1}{T_2} = \frac{\omega_{pc}}{n}, \qquad \frac{1}{T_1} = m\omega_{pc} \tag{8.15}$$

式 (8.14)，(8.15) から，比例ゲイン K_p と時定数 T_1, T_2 は次式で設定できる.

$$K_p = \frac{J_m \omega_{pc}}{T_2} = \frac{J_m \omega_{pc}^2}{n}, \qquad T_1 = \frac{1}{m\omega_{pc}}, \qquad T_2 = \frac{n}{\omega_{pc}} \tag{8.16}$$

図 8.4 から，目標値応答と外乱応答の伝達関数 $G_r(s)$, $G_d(s)$ を求めると次式となる.

$$G_r(s) = \frac{K_p T_2 s + K_p}{J_m T_1 s^3 + J_m s^2 + K_p T_2 s + K_p} \tag{8.17}$$

$$G_d(s) = -\frac{1 + T_1 s}{J_m s^3 + K_d s^2 + K_p s + K_i} \tag{8.18}$$

式 (8.16) を代入すると次式となる.

$$G_r(s) = \frac{m\omega_{pc}^2 s + (m/n)\omega_{pc}^3}{s^3 + m\omega_{pc} s^2 + m\omega_{pc}^2 s + (m/n)\omega_{pc}^3} \tag{8.19}$$

$$G_d(s) = -\frac{1}{J_m} \cdot \frac{1 + (1/m\omega_{pc})s}{s^3 + m\omega_{pc} s^2 + m\omega_{pc}^2 s + (m/n)\omega_{pc}^3} \tag{8.20}$$

式 (8.19) と式 (8.11) が一致することから，1 次進み遅れ制御系の目標値応答は微分先行型 PID 制御系の目標値応答と一致することがわかる. ただし，式 (8.20) より $G_d(0) \neq 0$ となるので，外乱応答には定常偏差が生じる. このことは，図 8.4 の

制御器に積分が含まれていないことからも明らかである.

8.1.4　マイナーループの挿入

　モータ制御に広く用いられている方法であり，**図 8.6** に示すように，回転角制御
ループの内側に回転速度制御ループを挿入する．このとき，回転速度制御ループ
はマイナーループ（内側ループ）とよばれる．図 8.6 から回転速度制御ループの部
分だけを取り出すと**図 8.7** となる．回転速度制御ループは制御対象が積分なので，
7.3.3 項で説明した方法で，比例ゲイン K_{sp} と積分ゲイン K_{si} の値を設定すること
ができる．すなわち，回転速度制御ループの応答角周波数を ω_{sc}，PI 折れ点角周波
数を ω_{pi} とし，ω_{pi} を ω_{sc} の $1/n$ 倍に設定すると，これらのゲインは次式を用いて
求めることができる.

$$K_{sp} = J_m \omega_{sc}, \qquad K_{si} = \omega_{pi} K_{sp} = \frac{J_m \omega_{sc}^2}{n} \tag{8.21}$$

　つぎに，回転速度制御ループの閉ループ伝達関数 $G_{rs}(s)$ は次式で示される.

$$G_{rs}(s) = \frac{K_{sp}s + K_{si}}{J_m s^2 + K_{sp}s + K_{si}} = \frac{\omega_{sc}s + (\omega_{sc}^2/n)}{s^2 + \omega_{sc}s + (\omega_{sc}^2/n)} \tag{8.22}$$

$G_{rs}(s)$ のゲイン線図は，ω が小さくなるにつれて 1 に漸近し，ω が大きくなるに
つれて ω_{sc}/s のゲイン線図に漸近する．したがって，$G_{rs}(s)$ は次式の 1 次遅れの

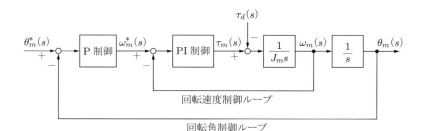

図 8.6　マイナーループを設けた回転角制御系のブロック線図

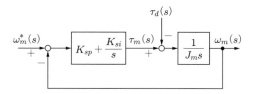

図 8.7　回転速度制御ループのブロック線図

伝達関数で近似することができる［例題 6.2 (p.74) 参照］.

$$G_{rs}(s) \cong \frac{\omega_{sc}}{s + \omega_{sc}} \tag{8.23}$$

よって，図 8.6 は**図 8.8** のように簡略化できる.

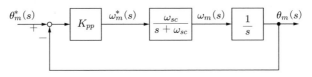

図 8.8　マイナーループを簡略化した制御系のブロック線図

　図 8.6 において，負荷トルク $\tau_d(t)$ が印加された場合，回転速度制御器の積分動作によって回転速度に定常偏差は生じない. そこで，回転角制御器は P 制御器とし，比例ゲインを K_{pp} とする. つぎに，**図 8.9** を用いて，K_{pp} と回転速度制御ループの応答角周波数 ω_{sc} の設定方法を説明する.

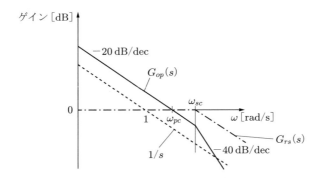

図 8.9　比例ゲイン K_{pp} と応答角周波数 ω_{sc} の設定方法

　図には，$1/s$ のゲイン線図が破線で，式 (8.23) の $G_{rs}(s)$ の折れ線近似のゲイン線図が一点鎖線で示されている. したがって，$\omega < \omega_{sc}$ の範囲では，図 8.8 の制御系の開ループ伝達関数 $G_{op}(s)$ のゲインの傾きは $-20\,\mathrm{dB/dec}$ となる. よって，回転角制御ループの応答角周波数 ω_{pc} をこの角周波数範囲に設定すればよい. この範囲では，$G_{op}(s) \cong K_{pp}/s$ とみなせるので，回転角制御器の比例ゲイン K_{pp} は次式を用いて求めることができる.

$$K_{pp} = \omega_{pc} \tag{8.24}$$

このとき，回転速度制御ループの応答角周波数 ω_{sc} は ω_{pc} の m 倍に設定する必要

がある．よって，式 (8.21) に示された速度制御器の比例ゲイン K_{sp} と積分ゲイン K_{si} の式は次式となる．

$$K_{sp} = J_m \omega_{sc} = J_m m \omega_{pc}, \qquad K_{si} = \frac{J_m \omega_{sc}^2}{n} = \frac{J_m m^2 \omega_{pc}^2}{n} \quad (8.25)$$

つぎに，図 8.6 から，目標値応答と外乱応答の伝達関数 $G_r(s)$, $G_d(s)$ を求めると次式が得られる．

$$G_r(s) = \frac{K_{pp}(K_{sp}s + K_{si})}{J_m s^3 + K_{sp}s^2 + (K_{si} + K_{pp}K_{sp})s + K_{pp}K_{si}} \quad (8.26)$$

$$G_d(s) = -\frac{s}{J_m s^3 + K_{sp}s^2 + (K_{si} + K_{pp}K_{sp})s + K_{pp}K_{si}} \quad (8.27)$$

式 (8.24) と式 (8.25) を代入すると次式となる．

$$G_r(s) = \frac{m\omega_{pc}^2 s + (m^2/n)\omega_{pc}^3}{s^3 + m\omega_{pc}s^2 + (m + m^2/n)\omega_{pc}^2 s + (m^2/n)\omega_{pc}^3} \quad (8.28)$$

$$G_d(s) = -\frac{1}{J_m} \cdot \frac{s}{s^3 + m\omega_{pc}s^2 + (m + m^2/n)\omega_{pc}^2 s + (m^2/n)\omega_{pc}^3} \quad (8.29)$$

$G_r(0) = 1$, $G_d(0) = 0$ となるので，目標値応答，外乱応答ともに定常偏差は生じない．

8.1.5 I-PD 制御

図 8.10(a) に示す I-PD 制御の適用も可能である．図 (a) のブロック線図は図 (b) のように変形することができる．よって，制御系の開ループ伝達関数 $G_o(s)$ は次式となる．

$$G_o(s) = \frac{K_i}{s} \cdot \frac{K_p}{J_m s^2 + K_d s + K_p} \quad (8.30)$$

さらに，次式のように変形する．

$$G_o(s) = \frac{K_i}{K_p s} \cdot \frac{\omega_1}{s + \omega_1} \cdot \frac{\omega_2}{s + \omega_2} \quad (8.31)$$

ここで，

$$\frac{K_d}{J_m} = \omega_1 + \omega_2, \qquad \frac{K_p}{J_m} = \omega_1 \omega_2 \quad (8.32)$$

である．

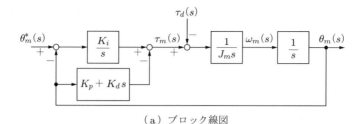

（a）ブロック線図

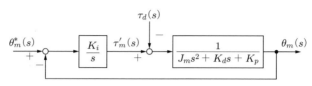

（b）変形したブロック線図

図 8.10　I-PD 制御系のブロック線図

　$G_o(s)$ は，積分要素と二つの 1 次遅れ要素の伝達関数の積になるので，折れ線近似のゲイン線図が**図 8.11** になるようにゲインの値を設定すればよい．すなわち，ω_1 と ω_2 は次式のように設定する．

$$\omega_1 = m_1\omega_{pc} \quad (m_1 > 1) \tag{8.33}$$

$$\omega_2 = m_2\omega_{pc} \quad (m_2 \geq m_1) \tag{8.34}$$

このとき，$\omega < \omega_1$ の角周波数範囲では $G_o(s)$ は積分の伝達関数に近似できるので，次式が成り立つ．

$$K_i = K_p\omega_{pc} \tag{8.35}$$

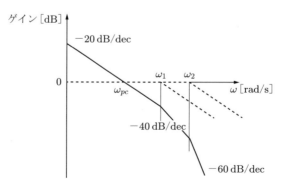

図 8.11　I-PD 制御系の $G_o(s)$ の折れ線近似のゲイン線図

よって，式 (8.32)～(8.35) から，比例ゲイン K_p，積分ゲイン K_i，微分ゲイン K_d を求めると次式となる．

$$K_p = m_1 m_2 J_m \omega_{pc}^2, \qquad K_i = m_1 m_2 J_m \omega_{pc}^3,$$
$$K_d = (m_1 + m_2) J_m \omega_{pc} \tag{8.36}$$

つぎに，図 8.10 から，目標値応答と外乱応答の伝達関数 $G_r(s)$, $G_d(s)$ を求めると次式となる．

$$G_r(s) = \frac{K_i}{J_m s^3 + K_d s^2 + K_p s + K_i} \tag{8.37}$$

$$G_d(s) = -\frac{s}{J_m s^3 + K_d s^2 + K_p s + K_i} \tag{8.38}$$

式 (8.36) を代入すると次式となる．

$$G_r(s) = \frac{m_1 m_2 \omega_{pc}^3}{s^3 + (m_1 + m_2)\omega_{pc}s^2 + m_1 m_2 \omega_{pc}^2 s + m_1 m_2 \omega_{pc}^3} \tag{8.39}$$

$$G_d(s) = -\frac{1}{J_m} \cdot \frac{s}{s^3 + (m_1 + m_2)\omega_{pc}s^2 + m_1 m_2 \omega_{pc}^2 s + m_1 m_2 \omega_{pc}^3} \tag{8.40}$$

$G_r(0) = 1$, $G_d(0) = 0$ となるので，目標値応答，外乱応答ともに定常偏差は生じない．

8.1.6　四つの制御法の応答

微分先行型 PID 制御系を制御系 1，1 次進み遅れ制御系を制御系 2，マイナーループを設けた制御系を制御系 3，I-PD 制御系を制御系 4 とする．**図 8.12** に，これらの制御系の開ループ伝達関数の折れ線近似のゲイン線図を示す．実線は制御系 1 と 2 のゲイン線図で，両者は一致する．一点鎖線は制御系 3 のゲイン線図を示す．$\omega < \omega_a$ の範囲において，制御系 1，2 と異なる．破線は制御系 4 のゲイン線図を示す．$\omega > \omega_c$ の範囲において，制御系 3 と異なる．また，**表 8.1** に，角周波数 $\omega_a, \omega_b, \omega_c$ と各制御系の制御パラメータとの関係を示す．

つぎに，四つの制御系の目標値応答と外乱応答を比較するために，ω_a と ω_b を次式のように設定する．

$$\omega_a = \frac{\omega_{pc}}{5}, \qquad \omega_b = 5\omega_{pc} \tag{8.41}$$

制御系 3 では，ほかに回転速度制御器の PI 折れ点角周波数 ω_{pi} を設定する必要が

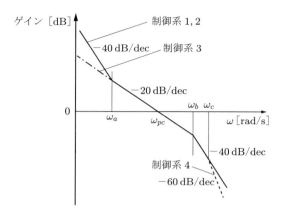

図 8.12　四つの制御系の開ループ伝達関数のゲイン線図

表 8.1　角周波数 $\omega_a, \omega_b, \omega_c$ と制御パラメータの関係

制御系	ω_a	ω_b	ω_c
1	ω_{pi}	K_d/J_m	—
2	$1/T_2$	$1/T_1$	—
3	—	ω_{sc}	—
4	—	ω_1	ω_2

あるため，次式のように設定する．

$$\omega_{pi} = \frac{\omega_{sc}}{5} \tag{8.42}$$

さらに，制御系 4 では ω_c の値を設定する必要があるが，ここでは次式のように設定する．

$$\omega_c = 10\omega_{pc} \quad (\omega_c = 2\omega_b) \tag{8.43}$$

また，$\omega_{pc} = 20\,[\text{rad/s}]$，$J_m = 0.01\,[\text{kg·m}^2]$ とする．このときの目標値応答と外乱応答のステップ応答波形を**図 8.13** に示す．回転角の目標値と外乱（負荷トルク）のステップ幅は，それぞれ，1 度，1 N·m である．制御系 1 （図 8.2）は制御器が PI 制御器なので，目標値応答にオーバーシュートが生じる．制御系 2 （図 8.4）は制御器には積分要素が含まれていないが，開ループ伝達関数が制御系 1 と同じなので，目標値応答にオーバーシュートが生じる．制御系 3 （図 8.6）は回転角制御器が P 制御器なので，目標値応答にオーバーシュートは生じない．また，制御系 4 （図 8.10）は，主制御器（偏差を入力とする制御器）は I 制御器であるが，目標値応答にオーバーシュートが生じない．さらに，制御系 1, 3, 4 は外乱応答の定常偏差が

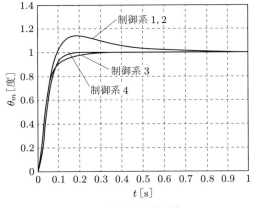

（a）目標値応答

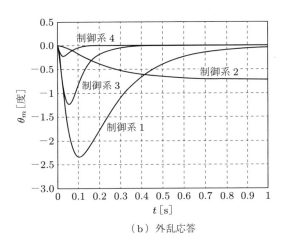

（b）外乱応答

図 8.13 四つの制御系のステップ応答比較

生じないが，制御系 4 の回転角の変化が一番小さい．よって，目標値応答と外乱応答の面では，制御系 4 がもっとも優れているといえる．

つぎに，四つの制御系の外乱応答のゲイン線図を図 8.14 に示す．これらの制御系の外乱応答の伝達関数は以下のように近似できる．

● 制御系 1：式 (8.12) より

$$\omega \text{ が小のとき}: G_d(s) \cong -\frac{ns}{mJ_m\omega_{pc}^3}$$

$$\omega \text{ が大のとき}: G_d(s) \cong -\frac{1}{J_ms^2}$$

(8.44)

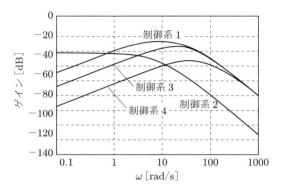

図 8.14　四つの制御系の外乱応答のゲイン線図

- 制御系 2：式 (8.20) より

$$\omega \text{ が小のとき}: G_d(s) \cong -\frac{n}{m J_m \omega_{pc}^3}$$
$$\omega \text{ が大のとき}: G_d(s) \cong -\frac{1}{m J_m \omega_{pc} s^2} \tag{8.45}$$

- 制御系 3：式 (8.29) より

$$\omega \text{ が小のとき}: G_d(s) \cong -\frac{ns}{m^2 J_m \omega_{pc}^3}$$
$$\omega \text{ が大のとき}: G_d(s) \cong -\frac{1}{J_m s^2} \tag{8.46}$$

- 制御系 4：式 (8.40) より

$$\omega \text{ が小のとき}: G_d(s) \cong -\frac{s}{m_1 m_2 J_m \omega_{pc}^3}$$
$$\omega \text{ が大のとき}: G_d(s) \cong -\frac{1}{J_m s^2} \tag{8.47}$$

　制御系 1，3 と 4 の $G_d(s)$ は，ω が大になると同じ式となる．ω が小になると，制御系 3 の $G_d(s)$ は，制御系 1 の $1/m$ 倍となる．図 8.14 では $m = 5$ なので，ゲインは $-14\,\mathrm{dB}$ 小さくなる．また，制御系 4 の $G_d(s)$ は，制御系 3 の $m^2/nm_1 m_2$ 倍となる．図 8.14 では $n = m = m_1 = 5, m_2 = 10$ なので，ゲインは $-20\,\mathrm{dB}$ 小さくなる．このように，$G_d(s)$ を近似することによっても，四つの制御系の外乱応答を比較することができる．

積分要素を二つ含むそのほかの制御対象の場合

図 8.15(a) は，リアクトルとコンデンサを直列接続した LC 回路である．制御量をコンデンサ電圧 $v_c(t)$ とすると，ブロック線図は図 (b) となる．図 (b) からわかるように，$V_c(s)$ のフィードバックループがあるので，前節で説明した積分の直列結合の制御対象とは異なる．

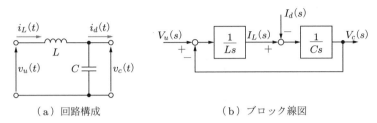

（a）回路構成　　　　　　　　　（b）ブロック線図

図 8.15　LC 回路とブロック線図

図 (b) より，制御対象の伝達関数を求めると次式が得られる．

$$G_p(s) = \frac{1}{LCs^2 + 1} = \frac{\omega_r^2}{s^2 + \omega_r^2} \tag{8.48}$$

ここで，

$$\omega_r = \frac{1}{\sqrt{LC}} \tag{8.49}$$

は共振角周波数である．5.2.6 項で説明した 2 次遅れ要素の伝達関数と比較すると，s の 1 次の項がないので，ステップ応答は持続振動波形となる．

また，図 3.13 (p.24) に示す直流モータのブロック線図にも積分要素が二つ含まれている．電機子巻線抵抗 R_a は小さいとして無視すると，式 (4.23) から

$$G_p(s) = \frac{\omega_m(s)}{V_a(s)} = \frac{K_t}{J_m L_a s^2 + K_e K_t} = \frac{1}{K_e} \cdot \frac{\omega_r^2}{s^2 + \omega_r^2} \tag{8.50}$$

となり，LC 回路と同じ形の伝達関数となる．ここで，

$$\omega_r = \sqrt{\frac{K_e K_t}{J_m L_a}} \tag{8.51}$$

である．

ここでは，LC 回路を制御対象としたときのコンデンサ電圧の制御法を説明する．まず，検出したコンデサンサ電圧を制御器の出力電圧に加算し，その電圧を操作

量とする制御系のブロック線図を**図 8.16**(a) に示す．この図 (a) を変形すると，図 (b) が得られる．図 (b) から制御器の出力電圧 $V_u'(s)$ を操作量とする制御対象は積分の直列接続となることがわかる．よって，前節で説明した制御法を適用できる．

つぎに，制御器の出力電圧にコンデンサ電圧を加算しないときの制御法を説明する．このときには I-PD 制御を適用することができる．**図 8.17**(a) に I-PD 制御系のブロック線図を示す．図 (a) のブロック線図を変形すると図 (b) となる．ただし，図 (b) では外乱 $I_d(s)$ は無視している．図 8.10 と比べると，K_p が $K_p + 1$ に

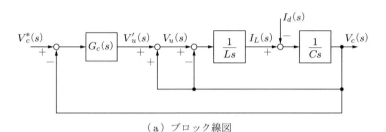

（a）ブロック線図

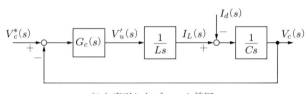

（b）変形したブロック線図

図 8.16 コンデンサ電圧を操作量に加算した制御系ブロック線図

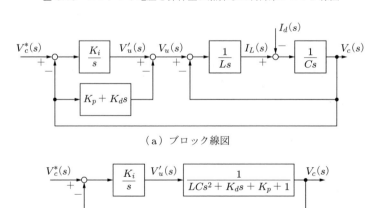

（a）ブロック線図

（b）変形したブロック線図

図 8.17 I-PD 制御系のブロック線図

なっているがブロック線図としては同じである。よって，図 8.10 の I-PD 制御系と同じようにして，比例ゲイン K_p，積分ゲイン K_i，微分ゲイン K_d を設定することができる。

8.3 2次の制御対象の制御法のまとめ

本章では，微分先行型 PID 制御，1 次進み遅れ制御，マイナーループ付き PI 制御，I-PD 制御の四つについて紹介した。1 次進み遅れ制御は外乱応答の定常偏差が残るので除くと，残りの三つの制御法は以下のようにまとめることができる。

まず，これらの方法によって制御可能な 2 次の制御対象のブロック線図を**図 8.18**に示す。外乱の入力点は実線と破線のいずれかとする。たとえば，図 8.1 のモータの場合は，

$$a_0 = a_1 = 0, \qquad b_0 = 1, \qquad b_1 = \frac{1}{J_m} \tag{8.52}$$

で，外乱の入力点は実線である。

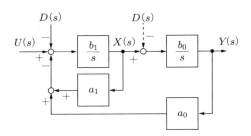

図 8.18 2 次の制御対象のブロック線図

（1） I-PD 制御

図 8.19 に I-PD 制御系のブロック線図を示す。図中の $X(s)$ は制御量 $Y(s)$ を微分したものなので，K_d は微分ゲインに相当する。4.4 節で説明したように，現代制御理論では制御対象のブロック線図において積分要素の出力は状態変数とよばれる。また，これらの状態変数に比例ゲインを掛けて操作量としてフィードバックすることを状態フィードバックとよぶ。さらに，外乱による定常偏差をなくすために制御量と目標値との偏差を入力とする積分器を設けた制御系をサーボ系とよぶ。したがって，I-PD 制御系は現代制御理論におけるサーボ系と等価である。

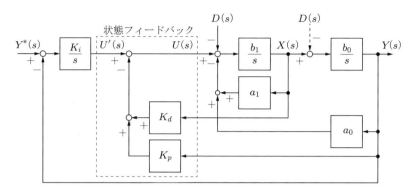

図 8.19　I-PD 制御系（サーボ系）のブロック線図

図 8.19 から $U'(s)$ を入力，$Y(s)$ を出力とする伝達関数 $G_1(s)$ を求めると次式となる.

$$G_1(s) = \frac{Y(s)}{U'(s)} = \frac{b_0 b_1}{s^2 + b_1(K_d + a_1)s + K_p + a_0} \tag{8.53}$$

よって，I-PD 制御系の開ループ伝達関数 $G_o(s)$ は次式で表現できる.

$$G_o(s) = \frac{K_i}{s} \cdot G_1(s) = \frac{b_0 b_1 K_i}{(K_p + a_0)s} \cdot \frac{\omega_1}{s + \omega_1} \cdot \frac{\omega_2}{s + \omega_2} \tag{8.54}$$

ここで，

$$\omega_1 + \omega_2 = b_1(K_d + a_1), \qquad \omega_1 \omega_2 = K_p + a_0 \tag{8.55}$$

である.

つぎに，I-PD 制御系の応答角周波数 ω_c よりも ω_1 と ω_2 を十分高く設定すると，$G_o(s)$ の折れ線近似のゲイン線図から次式が得られる.

$$b_0 b_1 K_i = \omega_c (K_p + a_0) \tag{8.56}$$

よって，ω_c，ω_1，ω_2 の値を設定すれば，式 (8.55) と式 (8.56) から，比例ゲイン K_p，積分ゲイン K_i，微分ゲイン K_d の値を求めることができる.

(2)　マイナーループ付き PI 制御

図 8.20 にマイナーループ付き PI 制御のブロック線図を示す．図 (a) はマイナーループのブロック線図で，図 (b) はマイナーループを伝達関数 $G_x(s)$ で置き換えた制御系全体のブロック線図である．制御量 $Y(s)$ の制御ループの内側に，$X(s)$ の制

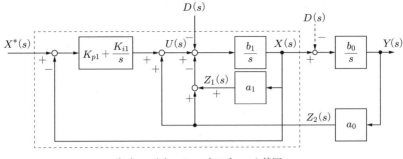

（ａ）マイナーループのブロック線図

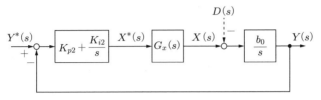

（ｂ）マイナーループを簡略化したブロック線図

図 8.20　マイナーループ付き PI 制御系のブロック線図

御ループがマイナーループとして挿入される．図 (a) のように外乱がマイナールー
プに入力されるときは，外乱による定常偏差をなくすために $X(s)$ の制御器は PI
制御器にする必要がある．制御対象の $Z_1(s)$ のフィードバック部分はマイナールー
プに含まれるので，$Z_1(s)$ を操作量に加算して打ち消す必要はない．一方，$Z_2(s)$
のフィードバック部分はマイナーループに含まれないので，図のように操作量に加
算して打ち消す必要がある．

　図 8.20(a) から $X(s)$ の制御ループの開ループ伝達関数 $G_{xo}(s)$ を求めると次式
となる．

$$G_{xo}(s) = \frac{K_{p1}s + K_{i1}}{s} \cdot \frac{b_1}{s + a_1 b_1} = \frac{b_1 K_{p1}}{s} \cdot \frac{s + K_{i1}/K_{p1}}{s + a_1 b_1} \quad (8.57)$$

ここで，

$$\frac{K_{i1}}{K_{p1}} = a_1 b_1 \quad (8.58)$$

として，$X(s)$ の制御ループの応答角周波数 ω_{xc} を設定すると次式が得られる．

$$b_1 K_{p1} = \omega_{xc} \quad (8.59)$$

このとき，$X(s)$ の制御ループの閉ループ伝達関数 $G_x(s)$ は次式となる．

$$G_x(s) = \frac{\omega_{xc}}{s + \omega_{xc}} \tag{8.60}$$

よって，図 8.20(b) から $Y(s)$ の制御ループの開ループ伝達関数 $G_{yo}(s)$ は次式となる．

$$G_{yo}(s) = \frac{K_{p2}s + K_{i2}}{s} \cdot \frac{\omega_{xc}}{s + \omega_{xc}} \cdot \frac{b_0}{s} = \frac{K_{p2}(s + \omega_{pi2})}{s} \cdot \frac{\omega_{xc}}{s + \omega_{xc}} \cdot \frac{b_0}{s} \tag{8.61}$$

ここで，

$$\omega_{pi2} = \frac{K_{i2}}{K_{p2}} \tag{8.62}$$

である．$Y(s)$ の制御ループの応答角周波数 ω_c よりも ω_{xc} を十分高く設定し，かつ PI 折れ点角周波数 ω_{pi2} を十分低く設定すると，$G_{yo}(s)$ の折れ線近似のゲイン線図から次式が得られる．

$$b_0 K_{p2} = \omega_c \tag{8.63}$$

よって，ω_c, ω_{xc}, ω_{pi2} の値を設定すれば，式 (8.58), (8.59), (8.62), (8.63) から，比例ゲイン K_{p1}, K_{p2}, 積分ゲイン K_{i1}, K_{i2} の値が求まる．

　なお，式 (8.58) は $X(s)$ の制御器の PI 折れ点角周波数 ω_{pi1} を示している．7.4.2 項で説明したように，ω_{pi1} は設定値として与えてもよい．また，図 8.20(b) において，破線の矢印で示した外乱がない場合は，$Y(s)$ の制御器は P 制御器とすればよい．

(3)　微分先行型 PID 制御

　図 8.21(a) に微分先行型 PID 制御系のブロック線図を示す．$Y(s)$ の微分フィードバックは $X(s)$ の比例フィードバックに置き換えている．この図からわかるように，微分先行型 PID 制御は，マイナーループ付き PI 制御のマイナーループを $X(s)$ の状態フィードバックに置き換えた制御系となっている．図 (a) を変形すると図 (b) のブロック線図となる．図 (b) から制御系の開ループ伝達関数 $G_o(s)$ を求めると次式となる．

$$G_o(s) = \frac{K_p s + K_i}{s} \cdot \frac{b_1}{s + b_1(K_d + a_1)} \cdot \frac{b_0}{s} \tag{8.64}$$

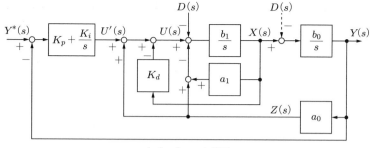

（a）ブロック線図

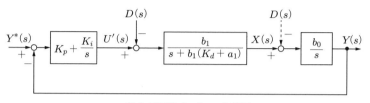

（b）変形したブロック線図

図 8.21　微分先行型 PID 制御系のブロック線図

式 (8.64) はつぎのように変形できる.

$$G_o(s) = \frac{K_p(s + \omega_{pi})}{(K_d + a_1)s} \cdot \frac{\omega_1}{s + \omega_1} \cdot \frac{b_0}{s} \tag{8.65}$$

ここで,

$$\omega_1 = b_1(K_d + a_1), \qquad \omega_{pi} = \frac{K_{i1}}{K_{p1}} \tag{8.66}$$

である. よって, 制御系の応答角周波数 ω_c よりも ω_1 を十分高く設定し, かつ PI 折れ点角周波数 ω_{pi} を十分低く設定すると, $G_o(s)$ の折れ線近似のゲイン線図から次式が得られる.

$$b_0 K_p = \omega_c(K_d + a_1) \tag{8.67}$$

よって, ω_c, ω_1, ω_{pi} の値を設定すれば, 式 (8.66), (8.67) から, 比例ゲイン K_p, 積分ゲイン K_i, 微分ゲイン K_d の値が求まる.

（4）　1 次の制御対象への適用

図 8.18 において, b_1/s と a_1 のブロックを省略すると 1 次の制御対象となる. この場合, 図 8.19 は I-P 制御になり, 図 8.20 と図 8.21 は PI 制御となる. よって,

制御対象が 1 次の場合（積分を含む）は，PI 制御または I-P 制御を適用すればよいといえる．

第9章 3次の制御対象のフィードバック制御

　本章では，三つの積分要素を含む3次の制御対象の制御法について説明する．電気系や機械系では，1次や2次の制御対象と比べると例は少ないが，モータで機械を駆動するときに，モータと機械を接続する軸の剛性が低いと3次の制御対象となり，機械共振による回転速度振動が発生することが知られている．3次の制御対象の場合は，PID制御では振動抑制が困難で，制御量以外の状態変数のフィードバック制御が必要となる．

9.1　3次の制御対象の例

　電気系ではリアクトルとコンデンサを計三つ含む電気回路，直進運動の機械系では質量とバネを計三つ含む装置，回転運動の機械系では慣性モーメントとねじりバネを計三つ含む装置が，それぞれ3次の制御対象となる．

　図9.1(a) に3次の電気回路の例を示す．操作量を $v_u(t)$，制御量を $i_1(t)$ としてブロック線図を求めると図 (b) が得られる．ここで，$v_d(t)$ は外乱電圧である．また，3次の直進運動の機械系の例は3.3.3項で紹介した．図3.9 (p.20) のブロック線図は図9.1(b) と等価である．

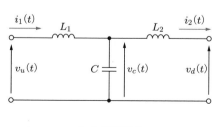

（a）回路構成

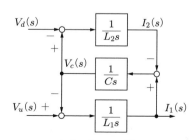

（b）ブロック線図

図9.1　3次の電気回路の例

　つぎに，回転運動の機械系の例を**図 9.2**(a) に示す．モータと機械が結合軸を介して接続されており，機械は等価慣性モーメントとしてモデル化されている．また，結合軸は剛性が低く，ねじりバネ要素とみなす．モータのトルク $\tau_m(t)$ と回転速度 $\omega_m(t)$ の正方向を時計回りの方向とすると，モータには結合軸のトルク（以下，軸トルク）$\tau_f(t)$ が負荷トルクとして負方向に作用する．一方，$\tau_f(t)$ は機械に対しては駆動トルクとして正方向に作用する．また，$\omega_k(t)$ は機械の等価回転速度（以下，機械の回転速度）で，$\tau_d(t)$ は機械に外乱として印加される負荷トルクである．

　モータのトルク $\tau_m(t)$ を入力，機械の回転速度 $\omega_k(t)$ を出力とするブロック線図を求めると図 (b) となり，3 次の制御対象となる．ここで，J_m はモータの慣性モーメント，J_k は機械の慣性モーメント，K_f は結合軸のバネ定数，D_f は結合軸の摩擦係数である．

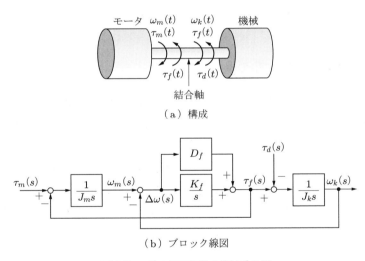

（a）構成

（b）ブロック線図

図 9.2　3 次の回転運動の機械系の例

　以下では，図 9.2 の回転運動の機械系を制御対象とする制御法を説明する．操作量はモータのトルク $\tau_m(t)$，制御量は機械の回転速度 $\omega_k(t)$ とする．

9.2　差速度フィードバック付き PI 制御

　図 9.2(b) より，状態変数は $\omega_m(t)$，$\tau_f(t)$，$\omega_k(t)$ の三つとなる．厳密にいえば，

$\tau_f(t)$ から摩擦トルクを除いたものが状態変数になるが,ここでは摩擦係数 D_f が小さく,摩擦トルクは無視できるものとする.図から,$\tau_f(s)$ はモータのトルク $\tau_m(s)$ の入力点までフィードバックされているが,$\omega_k(s)$ は $\tau_m(s)$ の入力点でなく,$\omega_m(s)$ の出力点にフィードバックされている.つまり,積分要素が三つ直列接続された構成になっていないため,前章で説明した制御法を適用することができない.

そこで,制御法を検討するために,$\tau_m(s)$ を入力として,$\omega_k(s)$ と $\omega_m(s)$ をそれぞれ出力とする伝達関数 $G_{mk}(s)$,$G_{mm}(s)$ を図 9.2(b) から求めると次式が得られる.

$$G_{mk}(s) = \frac{\omega_k(s)}{\tau_m(s)} = \frac{D_f s + K_f}{s[J_m J_k s^2 + D_f(J_m + J_k)s + K_f(J_m + J_k)]} \tag{9.1}$$

$$G_{mm}(s) = \frac{\omega_m(s)}{\tau_m(s)} = \frac{J_k s^2 + D_f s + K_f}{s[J_m J_k s^2 + D_f(J_m + J_k)s + K_f(J_m + J_k)]} \tag{9.2}$$

これらの式は次式のように変形できる.

$$G_{mk}(s) = \frac{\omega_k(s)}{\tau_m(s)} = \frac{2\zeta_z \omega_z s + \omega_z^2}{J_m s(s^2 + 2\zeta_r \omega_r s + \omega_r^2)} \tag{9.3}$$

$$G_{mm}(s) = \frac{\omega_m(s)}{\tau_m(s)} = \frac{s^2 + 2\zeta_z \omega_z s + \omega_z^2}{J_m s(s^2 + 2\zeta_r \omega_r s + \omega_r^2)} \tag{9.4}$$

ここで,

$$\omega_r = \sqrt{K_f \left(\frac{1}{J_m} + \frac{1}{J_k} \right)} \tag{9.5}$$

$$\omega_z = \sqrt{\frac{K_f}{J_k}} = \frac{\omega_r}{\sqrt{1+\alpha}} \quad \left(\alpha = \frac{J_k}{J_m} \right) \tag{9.6}$$

$$\zeta_r = \frac{1}{2\omega_r} D_f \left(\frac{1}{J_m} + \frac{1}{J_k} \right) \tag{9.7}$$

$$\zeta_z = \frac{D_f}{2} \sqrt{\frac{1}{K_f J_k}} = \frac{\zeta_r}{\sqrt{1+\alpha}} \tag{9.8}$$

であり,ω_r は共振角周波数,ω_z は反共振角周波数とよばれる.また,α はモータと機械の慣性モーメント比である.

つぎに,$J_m = J_k = 0.1\,[\mathrm{kg\cdot m^2}]$,$\omega_r = 100\,[\mathrm{rad/s}]$,減衰率 $\zeta_r = 0.01$ としたときの $G_{mk}(s)$ と $G_{mm}(s)$ のボード線図を**図 9.3**に示す.実線が $G_{mm}(s)$,破線が $G_{mk}(s)$ である.このとき,式 (9.6) より $\omega_z = 71\,[\mathrm{rad/s}]$,式 (9.8) より $\zeta_z = 0.0071$ となる.図 (a) のゲイン線図からわかるように,約 $20\,\mathrm{rad/s}$ 以下の角周波数範囲

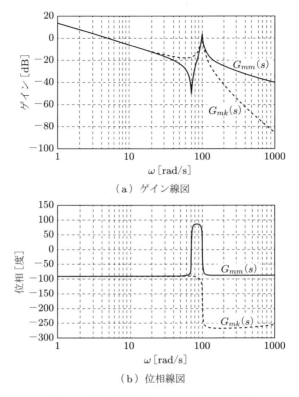

（a）ゲイン線図

（b）位相線図

図 9.3　機械を駆動するモータのボード線図

では，$G_{mk}(s)$, $G_{mm}(s)$ ともに積分要素で近似できる．よって，回転速度の制御
器は PI 制御器とし，比例ゲインで制御系の応答角周波数 ω_{sc} を調整すればよい．

ここで，図 9.3 は比例ゲイン K_{sp} を 1 に設定した P 制御系の開ループ伝達関数
のボード線図とみなすことができる．$G_{mk}(s)$, $G_{mm}(s)$ ともに $\omega < 20\,[\mathrm{rad/s}]$ の
範囲では，

$$G_{mk}(s) = G_{mm}(s) \cong \frac{1}{(J_m + J_k)s} \tag{9.9}$$

と近似できるので，$K_{sp} = 1$ のとき，$\omega_{sc} = 5\,[\mathrm{rad/s}]$ となる．

図 9.3 から，$G_{mk}(s)$ はゲインが 0 dB のときに位相が約 −270 度となっている
ことがわかる．すなわち，$\omega_{sc} = 5\,[\mathrm{rad/s}]$ に設定した機械の回転速度 $\omega_k(s)$ の P
制御系は不安定である．式 (9.3) を用いて P 制御系の特性方程式を求め，フルビッ
ツの安定判別法を用いると，制御系が安定な応答角周波数 ω_{sc} の最大値は 2 rad/s

となる（章末の補足説明 1 参照）.

　一方，$G_{mm}(s)$ は共振角周波数付近でゲインが 0 dB を超えているが，位相は −90 度以下とならないので，$\omega_{sc} = 5\,[\text{rad/s}]$ に設定したモータの回転速度 $\omega_m(s)$ の P 制御系は安定である．よって，回転速度の制御系は $\omega_m(s)$ のフィードバック制御系にする必要がある．

　図 9.4 に，$\omega_{sc} = 20\,[\text{rad/s}]$，$\omega_{pi} = 4\,[\text{rad/s}]$ に設定した $\omega_m(s)$ の PI 制御系の目標値応答を示す．実線が $\omega_k(t)$，破線が $\omega_m(t)$ の応答を示す．目標値応答は安定であるが，$\omega_k(t)$ と $\omega_m(t)$ には共振による振動成分が生じている．

　そこで，振動成分の低減方法を検討する．式 (9.7) からわかるように，共振振動の減衰率を大きくするためには，結合軸の摩擦係数 D_f を大きくできればよい．そこで，図 9.5 に示すように差速度 $\Delta\omega$ のフィードバックループを挿入する．K_{fp} と K_{fi} はそれぞれ，差速度フィードバックの比例ゲインと積分ゲインである．

　つぎに，図 9.5 をブロック線図の結合問題とみなすと，図 9.6 のように引出し点を移動をすることで容易にブロック線図の結合を行うことができて，$\tau'_m(s)$ を入

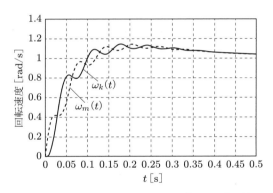

図 9.4　モータ回転速度の PI 制御系の目標値応答

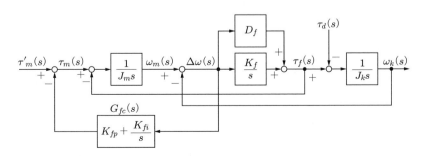

図 9.5　差速度をフィードバックした時のブロック線図

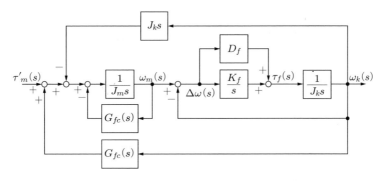

図 9.6　ブロック線図の結合のためのブロック線図

力，$\omega_k(s)$ を出力とする伝達関数 $G'_{mk}(s)$ を求めることができる．一方，$\tau_m(s)$ を入力，$\omega_m(s)$ を出力とするブロック線図は図 9.1 の記号を変えて摩擦係数を追加したものになる．そこで，差速度フィードバックを追加してブロック線図の結合を行うと $\tau'_m(s)$ を入力，$\omega_m(s)$ を出力とする伝達関数 $G'_{mm}(s)$ も求めることができる．ブロック線図の結合によって得られた伝達関数は次式となる．

$$G'_{mk}(s) = \frac{\omega_k(s)}{\tau'_m(s)} = \frac{2\zeta_z\omega_z s + \omega_z^2}{J_m s(s^2 + 2\zeta_{r1}\omega_r s + \omega_{r1}^2)} \tag{9.10}$$

$$G'_{mm}(s) = \frac{\omega_m(s)}{\tau'_m(s)} = \frac{s^2 + 2\zeta_z\omega_z s + \omega_z^2}{J_m s(s^2 + 2\zeta_{r1}\omega_r s + \omega_{r1}^2)} \tag{9.11}$$

ここで，

$$\omega_{r1} = \sqrt{K_f\left[\left(\frac{1}{J_m} + \frac{1}{J_k}\right) + \frac{K_{fi}}{J_m J_k}\right]} \tag{9.12}$$

$$\zeta_{r1} = \frac{1}{2\omega_{r1}}\left[D_f\left(\frac{1}{J_m} + \frac{1}{J_k}\right) + \frac{K_{fp}}{J_m}\right] \tag{9.13}$$

である．したがって，差速度フィードバックの比例ゲイン K_{fp} を調整することによって，減衰率 ζ_r を ζ_{r1} に変化させることができる．また，積分ゲイン K_{fi} を調整することによって，共振角周波数 ω_r を ω_{r1} に変化させることができる．

　$\omega_{sc} = 20\,[\mathrm{rad/s}]$，$\omega_{pi} = 4\,[\mathrm{rad/s}]$ に設定した $\omega_m(s)$ の PI 制御系に，$\zeta_{r1} = 0.3$ になるように式 (9.12)，(9.13) から K_{fp} を設定した差速度フィードバックループを挿入したときの目標値応答を**図 9.7** に示す．なお，$K_{fi} = 0$ とした．図 9.4 と比較すると，差速度フィードバックによって共振振動が抑制されていることがわかる．

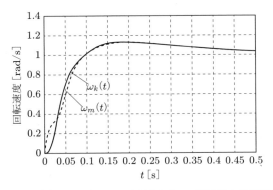

図 9.7 差速度フィードバックを挿入した PI 制御系の目標値応答

9.3 状態フィードバック付き PI 制御

式 (9.3) において，減衰率 $\zeta_z = 0$ とみなして分子の微分項を無視すると，4.5 節で説明した方法によって，**図 9.8**(a) に示すブロック線図が得られる．三つの積分要素を直列接続した構成になっているので，8.3 項で説明した制御法を適用することができる．そこで，微分先行型 PID 制御系を参考にすると，$X_1(s)$ と $X_2(s)$ の状態フィードバックループを挿入した機械の回転速度 $\omega_k(s)$ の PI 制御系を構成で

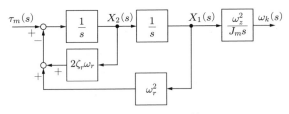

（a）制御対象のブロック線図

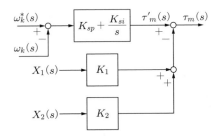

（b）制御部のブロック線図

図 9.8 状態フィードバックループを挿入した PI 制御系

きる. 図 (b) に制御部のブロック線図を示す.

図 9.8 から, PI 制御系の開ループ伝達関数 $G_o(s)$ を求めると次式となる.

$$G_o(s) = \frac{K_{sp}(s + \omega_{pi})}{s} \cdot \frac{\omega_1 \omega_2}{(s + \omega_1)(s + \omega_2)} \cdot \frac{\omega_z^2}{J_m \omega_1 \omega_2 s} \tag{9.14}$$

ここで,

$$\omega_{pi} = \frac{K_{si}}{K_{sp}}, \qquad \omega_1 \omega_2 = \omega_r^2 + K_1, \qquad \omega_1 + \omega_2 = 2\zeta_r \omega_r + K_2 \tag{9.15}$$

である. PI 制御系の応答角周波数 ω_{sc} よりも PI 折れ点角周波数 ω_{pi} は十分低く, ω_1 と ω_2 は十分高く設定すると, $\omega_{pi} < \omega_{sc} < \omega_1$ (ただし, $\omega_1 \le \omega_2$) の範囲において, $G_o(s)$ は次式で近似できる.

$$G_o(s) \cong \frac{K_{sp} \omega_z^2}{J_m \omega_1 \omega_2 s} \tag{9.16}$$

よって, 次式が成り立つ.

$$K_{sp} = \frac{J_m \omega_1 \omega_2 \omega_{sc}}{\omega_z^2} \tag{9.17}$$

以上のことから ω_{sc}, ω_{pi}, ω_1, ω_2 の値を設定すると, PI 制御器の比例ゲイン K_{sp}, 積分ゲイン K_{si}, 状態フィードバックゲイン K_1, K_2 の値を求めることができる.

つぎに, $\omega_{sc} = 20\,[\mathrm{rad/s}]$, $\omega_{pi} = 4\,[\mathrm{rad/s}]$, $\omega_1 = \omega_2 = 100\,[\mathrm{rad/s}]$ に設定したときの制御系の目標値応答を**図 9.9** に示す. 状態フィードバックループを挿入すると, 機械の回転速度 $\omega_k(s)$ をフィードバックしても, 安定で共振振動が抑制された応答を得られることがわかる. ただ, 図 9.8(a) からわかるように, $X_1(s)$ は $\omega_k(s)$ の 1 階微分量, $X_2(s)$ は $\omega_k(s)$ の 2 階微分量に相当する. 微分演算は測定信号に含

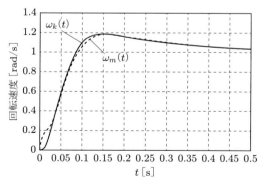

図 9.9　状態フィードバックループを挿入した PI 制御系の目標値応答

まれるノイズ成分を増幅するため，図 9.8 の制御系は実装が困難である．よって，実装面からすると，微分演算の必要がない図 9.5 の差速度フィードバック制御系が適しているといえる．このように制御方式の検討においては，実装面からの検討も大切である．なお，モータの回転速度 $\omega_m(t)$ の検出は容易であるが，機械の回転速度 $\omega_k(t)$ は通常，検出が困難である．この場合は，現代制御理論の状態観測器（オブザーバ）を適用して $\omega_k(t)$ を推定する必要がある．

9.4 直流モータの回転角制御

　直流モータは操作量を電機子電圧 $v_a(t)$，制御量を回転速度 $\omega_m(t)$ とすると，図 3.13 (p.24) に示したように 2 次の制御対象になるが，制御量を回転角 $\theta_m(t)$ にすると 3 次の制御対象になる．このときの直流モータのブロック線図を**図 9.10** に示す．この図を変形すると図 9.8(a) と同じ構成のブロック線図になる．したがって，8.3 項で説明した制御法の適用が可能である．ここでは，産業界で広く使われているマイナーループ付き PI 制御系の設計について説明する．

　図 9.11 にマイナーループ付き PI 制御系の構成を示す．回転角制御ループの内側に，回転速度制御ループと電流制御ループが挿入される．また，電流制御器のゲイン設定のために，逆起電力 $V_e(s)$ を検出して，操作量の $V_a(s)$ に加算する必要がある．

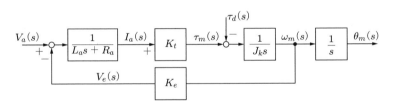

図 9.10　回転角を制御量とする直流モータのブロック線図

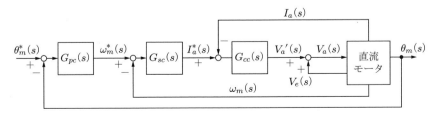

図 9.11　直流モータの回転角制御系の構成

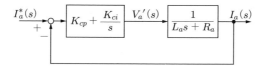

図 9.12　電流制御ループのブロック線図

マイナーループ付き PI 制御系では，一番内側の制御ループからゲイン設定を行う．**図 9.12** に電流制御ループのブロック線図を示す．制御対象は 1 次なので制御器は PI 制御器とすると，電流制御ループの開ループ伝達関数 $G_{co}(s)$ は次式で示される．

$$G_{co}(s) = \frac{K_{cp}s + K_{ci}}{s} \cdot \frac{1}{L_a s + R_a} \tag{9.18}$$

よって，

$$K_{ci} = \frac{R_a K_{cp}}{L_a} \tag{9.19}$$

の関係を満足するように積分ゲイン K_{ci} を設定すると，式 (9.18) は次式となる．

$$G_{co}(s) = \frac{K_{cp}}{L_a s} \tag{9.20}$$

電流制御ループの応答角周波数を ω_{cc} とすると，比例ゲイン K_{cp} は次式から求められる．

$$K_{cp} = L_a \omega_{cc} \tag{9.21}$$

この式 (9.21) を式 (9.19) に代入すると，積分ゲイン K_{ci} が次式から求められる．

$$K_{ci} = R_a \omega_{cc} \tag{9.22}$$

また，電流制御ループの閉ループ伝達関数 $G_{cc}(s)$ は次式となる．

$$G_{cc}(s) = \frac{G_{co}(s)}{1 + G_{co}(s)} = \frac{\omega_{cc}}{s + \omega_{cc}} \tag{9.23}$$

つぎに，**図 9.13** に回転速度制御ループのブロック線図を示す．外乱 $\tau_d(s)$ が入力されるので，制御器は PI 制御器とする．開ループ伝達関数 $G_{so}(s)$ は次式で示される．

$$G_{so}(s) = \frac{K_{sp}s + K_{si}}{s} \cdot \frac{\omega_{cc}}{s + \omega_{cc}} \cdot \frac{K_t}{J_m s} \tag{9.24}$$

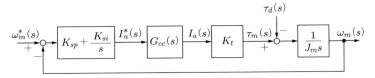

図 9.13 回転速度制御ループのブロック線図

$G_{so}(s)$ の折れ線近似のゲイン線図を**図 9.14** に示す. 図中の ω_{spi} は次式で示される.

$$\omega_{spi} = \frac{K_{sp}}{K_{si}} \tag{9.25}$$

また, ω_{sc} は回転速度制御ループの応答角周波数である. 図 9.14 から次式が得られる.

$$K_t K_{sp} = J_m \omega_{sc} \tag{9.26}$$

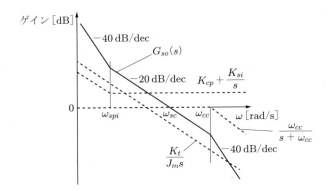

図 9.14 回転速度制御ループの $G_{so}(s)$ の折れ線近似ゲイン線図

つぎに, 閉ループ伝達関数 $G_{sc}(s)$ は,

$$G_{sc}(s) = \frac{G_{so}(s)}{1 + G_{so}(s)} \tag{9.27}$$

となるが, ここで以下の近似を行う.

- $|G_{so}(j\omega)| \geq 1$ のとき

$$G_{sc}(s) \cong 1 \tag{9.28}$$

- $|G_{so}(j\omega)| < 1$ のとき

$$G_{sc}(s) \cong G_{so}(s) \tag{9.29}$$

すると，図 9.14 から $G_{sc}(s)$ は次式で近似できる．

$$G_{sc}(s) \cong \frac{\omega_{sc}}{s + \omega_{sc}} \cdot \frac{\omega_{cc}}{s + \omega_{cc}} \tag{9.30}$$

図 9.15 に回転角制御ループのブロック線図を示す．外乱は入力されないので，制御器は P 制御器とする．$G_{sc}(s)$ として式 (9.29) を用いると，開ループ伝達関数 $G_{po}(s)$ は次式で示される．

$$G_{po}(s) = \frac{K_{pp}}{s} \cdot \frac{\omega_{sc}}{s + \omega_{sc}} \cdot \frac{\omega_{cc}}{s + \omega_{cc}} \tag{9.31}$$

$G_{po}(s)$ の折れ線近似のゲイン線図を**図 9.16** に示す．図中の ω_{pc} は回転角制御ループの応答角周波数で，図 9.15 から次式が得られる．

$$K_{pp} = \omega_{pc} \tag{9.32}$$

以上より，各制御ループの応答角周波数 $\omega_{pc}, \omega_{sc}, \omega_{cc}$ と回転速度制御ループの PI 折れ点角周波数 ω_{spi} を設定すると，各制御ループの比例ゲインと積分ゲインの値が求められる．ただし，折れ線近似のゲイン線図が図 9.14 と図 9.16 になるよう

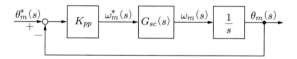

図 9.15   回転角制御ループのブロック線図

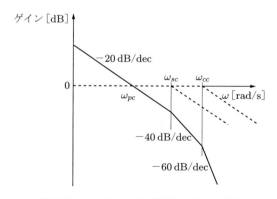

図 9.16 $G_{po}(s)$ の折れ線近似のゲイン線図

に，$\omega_{pc}, \omega_{sc}, \omega_{cc}$ と ω_{spi} を設定する必要がある．このとき，図 9.11 の回転角制御系の目標値応答と外乱応答の伝達関数は次式となる．

$$G_r(s) = \frac{\theta_m(s)}{\theta_m^*(s)} = \frac{b_0 s + b_1}{s^4 + a_1 s^3 + a_2 s^2 + a_3 s + a_4} \tag{9.33}$$

$$G_d(s) = \frac{\theta_m(s)}{\tau_d(s)} = -\frac{1}{J_m} \cdot \frac{s^2 + \omega_{cc} s}{s^4 + a_1 s^3 + a_2 s^2 + a_3 s + a_4} \tag{9.34}$$

ここで，

$$a_1 = \omega_{cc}, \qquad a_2 = \omega_{cc}\omega_{sc}, \qquad a_3 = \omega_{cc}\omega_{sc}(\omega_{spi} + \omega_{pc}),$$
$$a_4 = b_1 = \omega_{cc}\omega_{sc}\omega_{spi}\omega_{pc}, \qquad b_0 = \omega_{cc}\omega_{sc}\omega_{pc} \tag{9.35}$$

である．

　図 9.17 に目標値応答と外乱応答を示す．ただし，$\omega_{pc} = 20\,[\mathrm{rad/s}]$，$\omega_{sc} = 100\,[\mathrm{rad/s}]$，$\omega_{spi} = 20\,[\mathrm{rad/s}]$，$\omega_{cc} = 500\,[\mathrm{rad/s}]$ に設定した．また，$J_m = 0.1$ $[\mathrm{kg \cdot m^2}]$ とした．回転角の目標値のステップ幅は 1 度，負荷トルクのステップ幅は

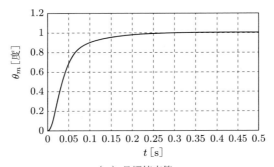

（a）目標値応答

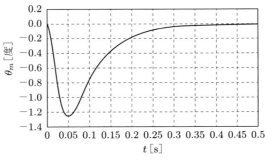

（b）外乱応答

図 9.17　回転角制御系のステップ応答

1 N·m である.

　図 9.11 の制御系の利点として，速度制御器や電流制御器の出力にリミッタを設けることによって，直流モータの回転速度や電機子電流の最大値を制限できることがあげられる．さらに，電機子電流はトルクに比例することから，電流制御ループは直流モータのトルク制御に利用できる．また，電流制御ループを内側ループとする速度制御ループは，回転速度制御に利用できる．すなわち，直流モータの回転角，回転速度，トルクのいずれの制御にも利用できる．したがって，モータの制御系としては多重ループ構成の制御系が広く適用されている．

9.5　PI 型制御と I-P 型制御の比較

　図 9.18 を用いて，第 7 章から本章までで紹介した PI 型制御と I-P 型制御のゲイン設定法の違いを説明する．図 (a) において，$G_{p1}(s)$ は PI 制御器以外の状態フィードバックやマイナーループを含む制御対象の伝達関数である．状態フィードバックには制御量の微分フィードバックも含む．PI 型制御系の応答角周波数を ω_{PI} とする．PI 型制御は，ω_{PI} より数倍高い角周波数 ω_1 より低い角周波数範囲において，$G_{p1}(s)$ が積分要素で近似できるように状態フィードバックやマイナーループのゲイン設定を行う．さらに，PI 制御器は，$\omega_{pi} = K_i/K_p$ より高い角周波数では P 制御器として近似することができる．したがって，ω_{pi} を ω_{PI} の数分の 1 に設定することによって，$\omega_{pi} < \omega < \omega_1$ の範囲で開ループ伝達関数は積分要素と近似できるので，ゲイン交差角周波数が ω_{PI} となるように比例ゲイン K_p を設定する．さらに，ω_{pi} の設定値を用いて積分ゲイン K_i の値を求める．

　つぎに，図 9.18(b) において，$G_{p2}(s)$ は I 制御器以外の状態フィードバックやマイナーループを含む制御対象の伝達関数である．状態フィードバックには制御量の比例フィードバックや微分フィードバックも含む．I-P 型制御系の応答角周波数を ω_{IP} とする．I-P 型制御は，ω_{IP} より数倍高い角周波数 ω_2 より低い角周波数範囲

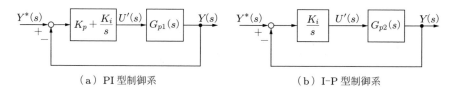

（a）PI 型制御系　　　　　　　　　（b）I-P 型制御系

図 9.18　PI 型制御系と I-P 型制御系

において，$G_{p2}(s)$ のゲインが比例要素で近似できるように状態フィードバックやマイナーループのゲイン設定を行う．よって，$\omega < \omega_2$ の範囲で開ループ伝達関数は積分要素と近似できることができ，交差角周波数が ω_{IP} となるように積分ゲイン K_i を設定する.

　以上のように，制御対象の伝達関数 $G_{p1}(s)$ を積分要素と近似して，比例ゲインで制御系の目標値応答を調節するのが PI 型制御である．また，制御対象の伝達関数 $G_{p2}(s)$ を比例要素と近似して，積分ゲインで制御系の目標値応答を調節するのが I-P 型制御である．このことから，制御対象が比例要素の場合は，制御器は I 制御器となる.

補足説明 1

9.2 節で，「機械の回転速度の P 制御系が安定な応答角周波数の最大値は $2\,\mathrm{rad/s}$ となる」と書いたが，このことを説明する.

　機械の回転速度の P 制御系の開ループ伝達関数 $G_o(s)$ は，式 (9.3) と比例ゲインの積になるので次式となる.

$$G_o(s) = \frac{K_p(2\zeta_z\omega_z s + \omega_z^2)}{J_m s(s^2 + 2\zeta_r\omega_r s + \omega_r^2)}$$

　つぎに，閉ループ伝達関数 $G_c(s)$ は

$$G_c(s) = \frac{G_o(s)}{1 + G_o(s)}$$

となるので，特性方程式は

$$1 + G_o(s) = 0$$

より，

$$a_0 s^3 + a_1 s^2 + a_2 s + a_3 = 0$$

となる．ここで，

$$a_0 = J_m, \quad a_1 = 2J_m\zeta_r\omega_r, \quad a_2 = J_m\omega_r^2 + 2\zeta_z\omega_z K_p, \quad a_3 = \omega_z^2 K_p$$

である．$J_m = 0.1$, $\omega_r = 100$, $\omega_z = 71$, $\zeta_r = 0.01$, $\zeta_z = 0.0071$ を代入すると，

$$a_0 = 0.1, \qquad a_1 = 0.2, \qquad a_2 = 1000 + K_p, \qquad a_3 = 5041 K_p$$

が得られる.

フルビッツの安定判別法を用いると, 特性方程式のすべての係数が正で, かつ $H_2 = a_1 a_2 - a_0 a_3 > 0$ が成り立たないといけないので, P 制御系が安定な K_p の条件は以下となる.

$$0 < K_p < 0.4$$

さらに, 式 (9.9) から K_p と制御系の応答角周波数 ω_{sc} との関係は次式となる.

$$\frac{K_p}{(J_m + J_k)\omega_{sc}} = 1$$

$J_m = J_k = 0.1$ なので, P 制御系が安定な ω_{sc} の最大値は $2\,\mathrm{rad/s}$ となる.

補足説明 2

9.2 節で, モータの回転速度の P 制御系は安定であることを説明したが, 比例制御によって, どの程度の振動抑制が可能かを調べてみる. P 制御系の特性方程式は, 式 (9.4) から次式となる.

$$J_m s(s^2 + \omega_r^2) + K_p(s^2 + \omega_z^2) = 0$$

なお, 減衰率は 0 とする.

$K_p = 0$ のときの根は, $\pm j\omega_r$ と 0 の三つである. K_p の値を大きくすると, 根は $\pm j\omega_z$ と $-\infty$ に近づいていく. そこで, K_p の値を変化させたときの虚部が正の複素根の軌跡を複素平面にプロットすると, **図 9.19** が得られる.

ここで, 機械とモータの慣性モーメント比 α をパラメータとし, 共振角周波数 ω_r は $100\,\mathrm{rad/s}$ (一定) とした. また, P 制御系の応答角周波数 ω_{sc} を設定して, 補足説明 1 に示した関係式を用いて K_p の値を求めた. ω_{sc} の値は $0 \sim 100\,\mathrm{rad/s}$ まで, $10\,\mathrm{rad/s}$ ずつ変化させた (図中の●).

式 (9.6) から, $\alpha = 0.5$ のときは $\omega_z = 81.6\,[\mathrm{rad/s}]$, $\alpha = 1$ のときは $\omega_z = 70.7\,[\mathrm{rad/s}]$, $\alpha = 2$ のときは $\omega_z = 57.7\,[\mathrm{rad/s}]$ となるので, ω_{sc} の値をさらに大きくしていくと, 根は $j\omega_z$ の点に向かって移動する. 図 9.19 から, 慣性モーメント比が大きいほど, 比例制御によって振動抑制がしやすいことがわかる.

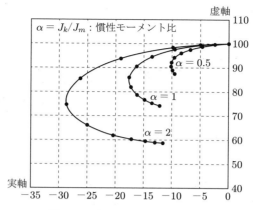

図 9.19 虚部が正の複素根の軌跡

複素根を $-a + jb$ とし，

$$(s + a)^2 + b^2 = s^2 + 2\zeta\omega_n s + \omega_n^2$$

とおくと，減衰率 ζ は次式となる.

$$\zeta = \frac{a}{\sqrt{a^2 + b^2}}$$

図 9.19 から，根の実部の絶対値が最大となる ω_{sc} と ζ の値を求めると**表 9.1** となる．慣性モーメント比が大きくなると，比例制御によって十分な振動抑制効果が得られる.

表 9.1　慣性モーメント比と減衰率の関係

慣性モーメント比	ω_{sc} [rad/s]	減衰率 ζ
0.5	80	0.11
1	50	0.2
2	40	0.36

第10章

3相交流の制御対象の
フィードバック制御

　3相交流の電圧や電流は，それらの周波数と同じ周波数で回転する直交2軸の回転座標上で観測すると直流量となる．永久磁石モータや誘導モータなどの3相交流モータの電流を，回転座標軸上の2軸直流成分に分解して制御する方式はベクトル制御方式とよばれ，幅広い分野で実用化されている．回転座標軸上で制御系を構成する場合は，第7章～第9章で説明した制御法を適用することが可能である．そこで本章では，3相交流モータ制御システムを制御対象とした制御法について説明する．

10.1　3相交流モータの制御システム

　図 **10.1** に3相交流モータの制御システムの一般的な構成を示す．AC/DC 変換器は入力側の交流電圧を直流電圧に変換し，DC/AC 変換器は直流電圧を交流電圧に変換して交流モータに印加する．通常，AC/DC 変換器は整流回路，DC/AC 変換器はインバータとよばれる．

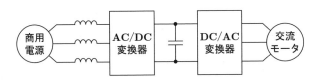

図 10.1　交流モータの制御システムの構成

　AC/DC 変換器，DC/AC 変換器とも双方向の電力搬送が可能である．交流モータを加速するときは商用電源から加速に必要な電力が供給され，減速するときはモータの回転エネルギーが電力に変換されて商用電源に戻される．

　本章では，図 10.1 の制御システムを対象として，交流モータの回転速度制御とAC/DC 変換器による電力制御について説明する．

座標変換

3 相交流を直流量として扱うための座標変換について説明する．まず，3 相交流電圧を次式で表現する．

$$v_u(t) = V \cos \theta_1 \tag{10.1}$$

$$v_v(t) = V \cos \left(\theta_1 - \frac{2}{3}\pi \right) \tag{10.2}$$

$$v_w(t) = V \cos \left(\theta_1 + \frac{2}{3}\pi \right) \tag{10.3}$$

ここで，

$$\theta_1 = \int_0^t \omega_1(t)dt \tag{10.4}$$

であり，$\omega_1(t)$ は交流電圧の角周波数である．

つぎに，**図 10.2** に示す 3 相座標軸（u-v-w 軸）を設定すると，3 相交流電圧は反時計回りに角周波数 $\omega_1(t)$ で回転する振幅 V の電圧ベクトル $\boldsymbol{v}$ の各軸成分として表現できることがわかる．

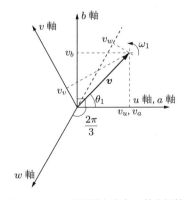

図 10.2 3 相座標軸と直交 2 軸座標軸

さらに，$\boldsymbol{v}$ は平面ベクトルなので直交 2 軸座標軸を用いても表現できる．そこで，この軸を a-b 軸とし，図 10.2 のように a 軸と u 軸を一致させる．すると，u-v-w 軸上の成分 $u(t), v(t), w(t)$ と a-b 軸上の成分 $a(t), b(t)$ の関係は次式で示される．

$$\left[\begin{array}{c} a(t) \\ b(t) \end{array}\right] = \sqrt{\frac{2}{3}} \left[\begin{array}{ccc} 1 & \cos\frac{2}{3}\pi & \cos\frac{4}{3}\pi \\ 0 & \sin\frac{2}{3}\pi & \sin\frac{4}{3}\pi \end{array}\right] \left[\begin{array}{c} u(t) \\ v(t) \\ w(t) \end{array}\right]$$

$$= \sqrt{\frac{2}{3}} \left[\begin{array}{ccc} 1 & -\frac{1}{2} & -\frac{1}{2} \\ 0 & \frac{\sqrt{3}}{2} & -\frac{\sqrt{3}}{2} \end{array}\right] \left[\begin{array}{c} u(t) \\ v(t) \\ w(t) \end{array}\right] \tag{10.5}$$

ここで，$\sqrt{2/3}$ は u-v-w 軸上の成分を使って求めた電力と，a-b 軸上の成分を使って求めた電力を一致させるための係数である．**図 10.3** に，電圧ベクトル $\boldsymbol{v}$ の各軸成分の波形を示す．ただし，3 相交流電圧の振幅 V は $1\,\mathrm{V}$ とした．

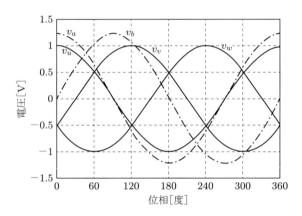

図 10.3　3 相交流電圧と a-b 軸上の電圧成分

つぎに，**図 10.4** に示すように，反時計回りに角周波数 $\omega_1(t)$ で回転する直交 2 軸の回転座標軸（d-q 軸）を設定する．すると，a-b 軸上の成分 $a(t), b(t)$ と d-q 軸上の成分 $d(t), q(t)$ の関係は次式で示される．

$$\left[\begin{array}{c} d(t) \\ q(t) \end{array}\right] = \left[\begin{array}{cc} \cos\theta & \sin\theta \\ -\sin\theta & \cos\theta \end{array}\right] \left[\begin{array}{c} a(t) \\ b(t) \end{array}\right] \tag{10.6}$$

ここで，

$$\theta = \int_0^t \omega_1(t)dt + \theta_0 \tag{10.7}$$

である．

そこで，式 (10.5) と式 (10.6) を使って，$v_u(t), v_v(t), v_w(t)$ を d-q 軸上の成分

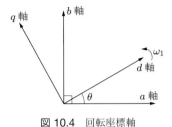

図 10.4 回転座標軸

$v_d(t), v_q(t)$ に変換すると次式が得られる.

$$v_d(t) = \sqrt{\frac{3}{2}}V \cos(\theta_1 - \theta) = \sqrt{\frac{3}{2}}V \cos(-\theta_0) \tag{10.8}$$

$$v_q(t) = \sqrt{\frac{3}{2}}V \sin(\theta_1 - \theta) = \sqrt{\frac{3}{2}}V \sin(-\theta_0) \tag{10.9}$$

よって,$v_d(t), v_q(t)$ は直流量となる.さらに,座標回転の位相 θ を交流電圧の位相 θ_1 と一致させる($\theta_0 = 0$ とする)と,電圧ベクトル $\boldsymbol{v}$ の向きと d 軸が一致し,$v_q(t) = 0$ となる.このとき,$v_d(t) = \sqrt{3/2}V$(線間電圧実効値)となる.同様にして,3 相交流電流についても直流量に変換することができる.

10.3 永久磁石同期モータのブロック線図

ここでは,回転子の表面に永久磁石を接着し,固定子に 3 相電機子巻線を設けた表面磁石式同期モータ(以下,永久磁石同期モータ)の回転座標上のブロック線図を求める.ブロック線図を求めるためには,電圧方程式,トルク式,運動方程式の三つが必要である.まず,永久磁石同期モータの電圧方程式は次式で示される.

$$
\begin{bmatrix} v_u(t) \\ v_v(t) \\ v_w(t) \end{bmatrix}
=
\begin{bmatrix} R_a & 0 & 0 \\ 0 & R_a & 0 \\ 0 & 0 & R_a \end{bmatrix}
\begin{bmatrix} i_u(t) \\ i_v(t) \\ i_w(t) \end{bmatrix}
$$

$$
+
\begin{bmatrix} L_a' & -\dfrac{M'}{2} & -\dfrac{M'}{2} \\[2mm] -\dfrac{M'}{2} & L_a' & -\dfrac{M'}{2} \\[2mm] -\dfrac{M'}{2} & -\dfrac{M'}{2} & L_a' \end{bmatrix}
\frac{d}{dt}
\begin{bmatrix} i_u(t) \\ i_v(t) \\ i_w(t) \end{bmatrix}
+
\begin{bmatrix} v_{eu}(t) \\ v_{ev}(t) \\ v_{ew}(t) \end{bmatrix}
\tag{10.10}
$$

ここで，$v_u(t), v_v(t), v_w(t)$ は電機子電圧，$i_u(t), i_v(t), i_w(t)$ は電機子電流，$v_{eu}(t), v_{ev}(t), v_{ew}(t)$ は逆起電力，R_a, L'_a, M' はそれぞれ電機子巻線の抵抗，自己インダクタンス，相互インダクタンスである．

つぎに，逆起電力とトルク $\tau_m(t)$ は次式で示される．

$$
\begin{bmatrix} v_{eu}(t) \\ v_{ev}(t) \\ v_{ew}(t) \end{bmatrix} = \frac{d}{dt} \begin{bmatrix} \Phi'_m \cos\theta_e \\ \Phi'_m \cos\left(\theta_e - \frac{2}{3}\pi\right) \\ \Phi'_m \cos\left(\theta_e + \frac{2}{3}\pi\right) \end{bmatrix} = \begin{bmatrix} -\omega_e(t)\Phi'_m \sin\theta_e \\ -\omega_e(t)\Phi'_m \sin\left(\theta_e - \frac{2}{3}\pi\right) \\ -\omega_e(t)\Phi'_m \sin\left(\theta_e + \frac{2}{3}\pi\right) \end{bmatrix}
$$
(10.11)

$$
\tau_m(t) = -P_m\Phi'_m \left[i_u(t)\sin\theta_e + i_v(t)\sin\left(\theta_e - \frac{2}{3}\pi\right) + i_w(t)\sin\left(\theta_e + \frac{2}{3}\pi\right) \right]
$$
(10.12)

ここで，Φ'_m は永久磁石の磁束の振幅で，P_m は回転子の極対数，θ_e は回転子の電気的回転角である．式 (10.11) からわかるように，$\theta_e = 0\,[度]$ のとき，電機子の u 相巻線に鎖交する磁束が最大値となる．この関係が成り立つように，永久磁石は回転子に取り付けられているものとする．

さらに，運動方程式は次式で示される．

$$
J_m \frac{d\omega_m(t)}{dt} = \tau_m(t) - \tau_d(t)
$$
(10.13)

ここで，$\omega_m(t)$ はモータの機械的回転速度である．電気的回転速度 $\omega_e(t)$ は，

$$
\omega_e(t) = P_m\omega_m(t)
$$
(10.14)

となり，さらに θ_e は次式となる．

$$
\theta_e = \int_0^t \omega_e(t)dt
$$
(10.15)

つぎに，前節で説明した座標変換の方法を用いて，式 (10.10) の電圧方程式を a-b 軸上の成分を用いた式に変換する．まず，式 (10.10) において抵抗を含む行列を $\boldsymbol{Z}_1$，インダクタンスを含む行列を $\boldsymbol{Z}_2$ とおくと次式が得られる．

$$
\begin{bmatrix} v_u(t) \\ v_v(t) \\ v_w(t) \end{bmatrix} = \boldsymbol{Z}_1 \begin{bmatrix} i_u(t) \\ i_v(t) \\ i_w(t) \end{bmatrix} + \boldsymbol{Z}_2 \frac{d}{dt} \begin{bmatrix} i_u(t) \\ i_v(t) \\ i_w(t) \end{bmatrix} + \begin{bmatrix} v_{eu}(t) \\ v_{ev}(t) \\ v_{ew}(t) \end{bmatrix}
$$
(10.16)

また，式 (10.5) の変換行列を C とおくと次式が得られる．

$$\begin{bmatrix} v_a(t) \\ v_b(t) \end{bmatrix} = C \begin{bmatrix} v_u(t) \\ v_v(t) \\ v_w(t) \end{bmatrix}, \qquad \begin{bmatrix} v_{ea}(t) \\ v_{eb}(t) \end{bmatrix} = C \begin{bmatrix} v_{eu}(t) \\ v_{ev}(t) \\ v_{ew}(t) \end{bmatrix} \qquad (10.17)$$

さらに，変換行列 C の一般化逆行列を C^{-1} とすると，式 (10.5) から次式が得られる．

$$\begin{bmatrix} i_u(t) \\ i_v(t) \\ i_w(t) \end{bmatrix} = C^{-1} \begin{bmatrix} i_a(t) \\ i_b(t) \end{bmatrix} \qquad (10.18)$$

よって，式 (10.16)〜(10.18) から次式が得られる．

$$\begin{bmatrix} v_a(t) \\ v_b(t) \end{bmatrix} = C Z_1 C^{-1} \begin{bmatrix} i_a(t) \\ i_b(t) \end{bmatrix} + C Z_2 C^{-1} \frac{d}{dt} \begin{bmatrix} i_a(t) \\ i_b(t) \end{bmatrix} + C \begin{bmatrix} v_{eu}(t) \\ v_{ev}(t) \\ v_{ew}(t) \end{bmatrix}$$
$$(10.19)$$

式 (10.10) と式 (10.11) を用いて計算すると次式となる．

$$\begin{bmatrix} v_a(t) \\ v_b(t) \end{bmatrix} = \begin{bmatrix} R_a & 0 \\ 0 & R_a \end{bmatrix} \begin{bmatrix} i_a(t) \\ i_b(t) \end{bmatrix} + \begin{bmatrix} L_a & 0 \\ 0 & L_a \end{bmatrix} \frac{d}{dt} \begin{bmatrix} i_a(t) \\ i_b(t) \end{bmatrix}$$
$$+ \begin{bmatrix} -\Phi_m \omega_e(t) \sin\theta_e \\ \Phi_m \omega_e(t) \cos\theta_e \end{bmatrix} \qquad (10.20)$$

ここで，

$$L_a = L_a' + \frac{M'}{2}, \qquad \Phi_m = \sqrt{\frac{3}{2}} \Phi_m' \qquad (10.21)$$

である．

つぎに，式 (10.6) を用いて d-q 軸上の成分を用いた式に変換する．式 (10.6) の変換行列を D とし，式 (10.20) の右辺第 1 項と第 2 項の係数行列をそれぞれ Z_3, Z_4 とすると，次式となる．

$$\begin{bmatrix} v_d(t) \\ v_q(t) \end{bmatrix} = D \begin{bmatrix} v_a(t) \\ v_b(t) \end{bmatrix}$$

$$= \boldsymbol{D}\boldsymbol{Z}_3\boldsymbol{D}^{-1} \left[\begin{array}{c} i_d(t) \\ i_q(t) \end{array} \right] + \boldsymbol{D}\boldsymbol{Z}_4 \frac{d}{dt} \left\{ \boldsymbol{D}^{-1} \left[\begin{array}{c} i_d(t) \\ i_q(t) \end{array} \right] \right\}$$

$$+ \boldsymbol{D} \left[\begin{array}{c} -\Phi_m\omega_e(t)\sin\theta_e \\ \Phi_m\omega_e(t)\cos\theta_e \end{array} \right] \qquad (10.22)$$

ここで，変換行列 $\boldsymbol{D}$ 中の位相 θ は θ_e と一致させる．式 (10.22) を計算すると次式が得られる．

$$\left[\begin{array}{c} v_d(t) \\ v_q(t) \end{array} \right] = \left[\begin{array}{cc} R_a & -L_a\omega_e(t) \\ L_a\omega_e(t) & R_a \end{array} \right] \left[\begin{array}{c} i_d(t) \\ i_q(t) \end{array} \right]$$

$$+ \left[\begin{array}{cc} L_a & 0 \\ 0 & L_a \end{array} \right] \frac{d}{dt} \left[\begin{array}{c} i_d(t) \\ i_q(t) \end{array} \right] + \left[\begin{array}{c} 0 \\ \Phi_m\omega_e(t) \end{array} \right] \qquad (10.23)$$

変換行列 $\boldsymbol{D}$ には，モータの電気的回転角 θ_e が含まれるので，式 (10.22) の右辺第 2 項を計算すると，$i_d(t), i_q(t)$ の微分項だけでなく比例項が生じることに注意が必要である（章末の補足説明を参照）．

つぎに，式 (10.12) に式 (10.18) を代入すると次式が求められる．

$$\tau_m(t) = -P_m\Phi_m[i_a(t)\sin\theta_e - i_b(t)\cos\theta_e] \qquad (10.24)$$

さらに，式 (10.6) を用いて，$i_a(t), i_b(t)$ を $i_d(t), i_q(t)$ に変換すると次式となる．

$$\tau_m(t) = P_m\Phi_m i_q(t) \qquad (10.25)$$

以上で，永久磁石同期モータの d-q 軸上のブロック線図を描くために必要な式が揃ったので，これらの式をラプラス変換すると次式が得られる．

$$\left[\begin{array}{c} V_d(s) \\ V_q(s) \end{array} \right] = \left[\begin{array}{cc} R_a + L_a s & -L_a\omega_e(s) \\ L_a\omega_e(s) & R_a + L_a s \end{array} \right] \left[\begin{array}{c} I_d(s) \\ I_q(s) \end{array} \right] + \left[\begin{array}{c} 0 \\ \Phi_m\omega_e(s) \end{array} \right] \qquad (10.26)$$

$$\tau_m(s) = P_m\Phi_m I_q(s) \qquad (10.27)$$

$$J_m \frac{d\omega_m(s)}{dt} = \tau_m(s) - \tau_d(s) \qquad (10.28)$$

これらの式から**図 10.5** に示すブロック線図が得られる．

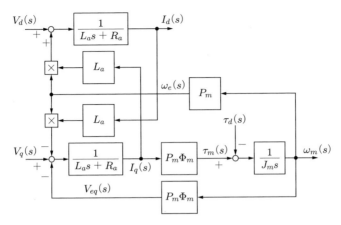

図 10.5 永久磁石同期モータの d-q 軸のブロック線図

永久磁石同期モータの回転速度制御

　永久磁石同期モータの制御法について説明する．図 10.5 において操作量は $V_d(s)$ と $V_q(s)$ である．$V_d(s)$ の入力点には $I_q(s)$ に比例した電圧が加算され，$V_q(s)$ の入力点には $I_d(s)$ に比例した電圧が減算されていることがわかる．つまり，d 軸成分と q 軸成分が相互に干渉している．そこで，この干渉をなくすために，次式の $V_d'(s)$ と $V_q'(s)$ を操作量とする．

$$V_d'(s) = V_d(s) - L_a \omega_e(s) I_q(s) \tag{10.29}$$

$$V_q'(s) = V_q(s) + L_a \omega_e(s) I_d(s) \tag{10.30}$$

すると，図 10.5 から**図 10.6** のブロック線図が得られる．図において，$V_d'(s)$ を入力，$I_d(s)$ を出力とする部分は 1 次の制御対象となり，7.4.2 項の PI 制御を適用で

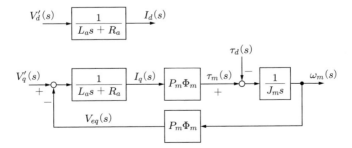

図 10.6 非干渉化を行ったときのブロック線図

きる．また，$V_q'(s)$ を入力，$\omega_m(s)$ を出力とする部分は，図 3.13 (p.24) の直流モータのブロック線図と同じである．よって，図 9.11 (p.131) の回転角制御系を参考にすると，回転速度の制御系を構成できる．このようにして構成した回転速度の制御部のブロック線図を**図 10.7** に示す．図中の PI は PI 制御器を示す．破線で囲った部分が非干渉化部であり，3 相交流モータの制御においては重要な役割を果たす．また，図のように交流モータの電機子電流を回転座標軸上の成分 $I_d(s), I_q(s)$ に変換して，それぞれをフィードバック制御する制御方式をベクトル制御方式とよぶ．

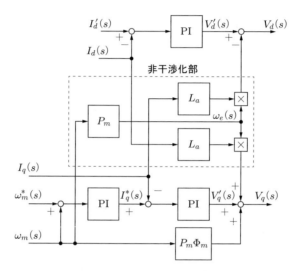

図 10.7　永久磁石同期モータの回転速度制御部のブロック線図

図 10.8 に永久磁石同期モータの回転速度制御系の構成を示す．実際のモータでは 3 相交流電圧が印加され，3 相電機子電流を検出することができる．そこで，実際のモータのモデルは，図の破線の右側のようになる．3 相交流電圧が座標変換によって d-q 軸成分に変換され，図 10.5 のブロック線図（d-q 軸モデル）に入力される．また，d-q 軸モデルから出力される電機子電流の d-q 軸成分は座標変換によって，3 相電機子電流に変換される．このとき，座標変換に使用されるモータの電気的回転角 θ_e は，d-q 軸モデルから出力される機械的回転速度 ω_m より得られる．一方，制御回路側は検出した 3 相電機子電流を座標変換によって d-q 軸成分に変換する．また，モータの機械的回転角 θ_m を検出し，電気的回転角 θ_e に変換するとともに，θ_m を微分して機械的回転速度 ω_m を求める．さらに，外部から入力される機械的回転速度と d 軸電流成分の目標値を用いて，図 10.7 の回転速度制御を行い，

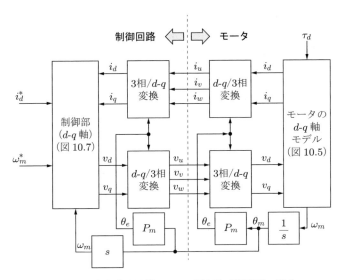

図 10.8　永久磁石同期モータの回転速度制御系の構成

出力される d-q 軸電圧成分を座標変換により 3 相交流電圧に変換する．これによって，図 10.5 と図 10.7 を組み合わせた d-q 軸上の回転速度制御系と同じ応答が得られる．なお，実際の制御システムにおいては，3 相電機子電流とモータの機械的回転角の検出器と 3 相交流電源（図 10.1 の DC/AC 変換器）が必要である．

10.5　AC/DC 変換器による電力制御

　図 10.9 に AC/DC 変換器の制御系の構成を示す．AC/DC 変換器は入力側の 3 相交流電圧を操作量とすることによって，リアクトル電流の振幅や位相を制御する．これによって，商用電源とやり取りする電力の制御を行う．

　図 10.9 からつぎの電圧方程式が得られる．

$$
\begin{bmatrix} v_{rc}(t) \\ v_{sc}(t) \\ v_{tc}(t) \end{bmatrix} = \begin{bmatrix} R_a & 0 & 0 \\ 0 & R_a & 0 \\ 0 & 0 & R_a \end{bmatrix} \begin{bmatrix} i_r(t) \\ i_s(t) \\ i_t(t) \end{bmatrix}
$$
$$
+ \begin{bmatrix} L_a & 0 & 0 \\ 0 & L_a & 0 \\ 0 & 0 & L_a \end{bmatrix} \frac{d}{dt} \begin{bmatrix} i_r(t) \\ i_s(t) \\ i_t(t) \end{bmatrix} + \begin{bmatrix} v_r(t) \\ v_s(t) \\ v_t(t) \end{bmatrix} \quad (10.31)
$$

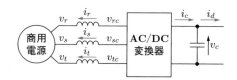

図 10.9　AC/DC 変換器の制御系の構成

ここで，$v_r(t), v_s(t), v_t(t)$ は商用電源の相電圧，$i_r(t), i_s(t), i_t(t)$ はリアクトル電流，$v_{rc}(t), v_{sc}(t), v_{tc}(t)$ は AC/DC 変換器の入力側交流電圧（操作量），R_a, L_a はそれぞれリアクトルの抵抗成分と自己インダクタンスである．また，リアクトル電流は図 10.9 の矢印方向を正方向とする．

つぎに，3 相座標軸と直交 2 軸座標軸，回転座標軸の関係は図 10.2，10.4 と同じとする．すなわち，図 10.2 の u 軸，v 軸，w 軸をそれぞれ r 軸，s 軸，t 軸に置き換えたものとする．

また，式 (10.26) では逆起電力の d 軸成分が 0 なので，逆起電力ベクトルの方向は q 軸と一致している．商用電源の相電圧は永久磁石同期モータの逆起電力に相当するので，商用電源の相電圧ベクトルの方向も q 軸と一致させることにする．このとき，相電圧 $v_r(t), v_s(t), v_t(t)$ は次式で表される．

$$v_r(t) = V \cos\left(\theta_1 + \frac{\pi}{2}\right) \tag{10.32}$$

$$v_s(t) = V \cos\left(\theta_1 - \frac{\pi}{6}\right) \tag{10.33}$$

$$v_t(t) = V \cos\left(\theta_1 + \frac{7}{6}\pi\right) \tag{10.34}$$

永久磁石同期モータのときと同じようにして，式 (10.31) を d-q 軸上の電圧方程式に変換すると次式が得られる．

$$\begin{bmatrix} v_d(t) \\ v_q(t) \end{bmatrix} = \begin{bmatrix} R_a & -\omega_1 L_a \\ \omega_1 L_a & R_a \end{bmatrix} \begin{bmatrix} i_d(t) \\ i_q(t) \end{bmatrix} + \begin{bmatrix} L_a & 0 \\ 0 & L_a \end{bmatrix} \frac{d}{dt} \begin{bmatrix} i_d(t) \\ i_q(t) \end{bmatrix} + \begin{bmatrix} 0 \\ V_s \end{bmatrix} \tag{10.35}$$

ここで，

$$V_s = \sqrt{\frac{3}{2}} V \quad （線間電圧実効値） \tag{10.36}$$

である．また，ω_1 は商用電源の角周波数（一定）である．

図 **10.10** に $v_d(t)$ と $v_q(t)$ を入力とする AC/DC 変換器のブロック線図を示す．永久磁石同期モータと同様に，非干渉化によって，d 軸電流と q 軸電流をそれぞれ独立にフィードバック制御することができる．

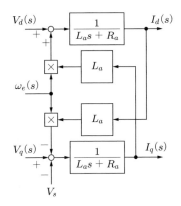

図 10.10　$v_d(t)$ と $v_q(t)$ を入力する AC/DC 変換器のブロック線図

AC/DC 変換器と商用電源との間でやり取りされる有効電力 P と無効電力 Q は次式で示される．

$$P = V_s i_q(t) \tag{10.37}$$

$$Q = -V_s i_d(t) \tag{10.38}$$

よって，$i_d(t)$ を調整することで無効電力を，$i_q(t)$ を調整することで有効電力をそれぞれ制御できることがわかる．

さて，図 10.9 において AC/DC 変換器の直流側は積分の制御対象となり，7.3.3 項で説明したコンデンサ電圧の PI 制御系を構成することができる．ここで，AC/DC 変換器によって制御できるのは $i_d(t)$ と $i_q(t)$ である．そこで，コンデンサ電圧の PI 制御器から出力される電流 $i_c(t)$ よりコンデンサの充電電力 P' を求めると次式が得られる．

$$P' = v_c(t)i_c(t) \tag{10.39}$$

よって，リアクトルの抵抗成分による損失は小さいとして無視すると，

$$P = -P' \tag{10.40}$$

の関係から，$i_q(t)$ の目標値 $i_q^*(t)$ が次式によって求まる．

$$i_q^*(t) = -\frac{v_c(t)i_c(t)}{V_s} \tag{10.41}$$

なお，式 (10.40) の右辺が $-P'$ になるのは，AC/DC 変換器から商用電源に有効電力が供給されるときに P の極性が正となるからである．また，$i_d(t)$ の目標値 $i_d^*(t)$ は通常，0 に設定される．以上のことから，AC/DC 変換器の d-q 座標軸上の制御部のブロック線図は**図 10.11** となる．実際の制御システムの構成は，図 10.8 の永久磁石同期モータの回転速度制御系と同様の構成となる．永久磁石同期モータの場合は回転座標変換のためにモータの回転角の検出が必要であるが，AC/DC 変換器による直流出力電圧制御の場合は商用電源の相電圧位相の検出が必要となる．

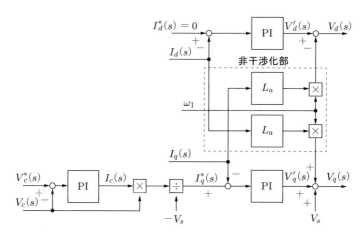

図 10.11　AC/DC 変換器の制御部のブロック線図

補足説明

式 (10.22) から式 (10.23) を求める方法を説明する．
まず，行列 $\boldsymbol{D}, \boldsymbol{D}^{-1}, \boldsymbol{Z}_3, \boldsymbol{Z}_4$ は次式で示される．

$$\boldsymbol{D} = \begin{bmatrix} \cos\theta_e & \sin\theta_e \\ -\sin\theta_e & \cos\theta_e \end{bmatrix}, \qquad \boldsymbol{D}^{-1} = \begin{bmatrix} \cos\theta_e & -\sin\theta_e \\ \sin\theta_e & \cos\theta_e \end{bmatrix}$$

$$\boldsymbol{Z}_3 = \begin{bmatrix} R_a & 0 \\ 0 & R_a \end{bmatrix} = R_a\boldsymbol{I}, \qquad \boldsymbol{Z}_4 = \begin{bmatrix} L_a & 0 \\ 0 & L_a \end{bmatrix} = L_a\boldsymbol{I}$$

ここで，$\boldsymbol{I}$ は単位行列である．これより，

$$\boldsymbol{D}\boldsymbol{Z}_3\boldsymbol{D}^{-1} = R_a\boldsymbol{D}\boldsymbol{I}\boldsymbol{D}^{-1} = R_a\boldsymbol{I}$$

となるので，式 (10.22) の右辺第 1 項は次式となる.

$$\boldsymbol{D}\boldsymbol{Z}_3\boldsymbol{D}^{-1}\left[\begin{array}{c} i_d(t) \\ i_q(t) \end{array}\right] = \left[\begin{array}{cc} R_a & 0 \\ 0 & R_a \end{array}\right]\left[\begin{array}{c} i_d(t) \\ i_q(t) \end{array}\right]$$

つぎに，

$$\boldsymbol{D}^{-1}\left[\begin{array}{c} i_d(t) \\ i_q(t) \end{array}\right] = \left[\begin{array}{c} i_d(t)\cos\theta_e - i_q(t)\sin\theta_e \\ i_d(t)\sin\theta_e + i_q(t)\cos\theta_e \end{array}\right]$$

となるので，

$$\frac{d}{dt}\left\{\boldsymbol{D}^{-1}\left[\begin{array}{c} i_d(t) \\ i_q(t) \end{array}\right]\right\}$$

$$= \left[\begin{array}{c} \left[\dfrac{di_d(t)}{dt} - \omega_e(t)i_q(t)\right]\cos\theta_e - \left[\dfrac{di_q(t)}{dt} + \omega_e(t)i_d(t)\right]\sin\theta_e \\ \left[\dfrac{di_d(t)}{dt} - \omega_e(t)i_q(t)\right]\sin\theta_e + \left[\dfrac{di_q(t)}{dt} + \omega_e(t)i_d(t)\right]\cos\theta_e \end{array}\right]$$

より，式 (10.22) の右辺第 2 項は次式となる.

$$\boldsymbol{D}\boldsymbol{Z}_4\frac{d}{dt}\left\{\boldsymbol{D}^{-1}\left[\begin{array}{c} i_d(t) \\ i_q(t) \end{array}\right]\right\}$$

$$= L_a\boldsymbol{D}\boldsymbol{I}\frac{d}{dt}\left\{\boldsymbol{D}^{-1}\left[\begin{array}{c} i_d(t) \\ i_q(t) \end{array}\right]\right\}$$

$$= L_a\left[\begin{array}{c} \dfrac{di_d(t)}{dt} - \omega_e(t)i_q(t) \\ \dfrac{di_q(t)}{dt} + \omega_e(t)i_d(t) \end{array}\right]$$

$$= \left[\begin{array}{cc} 0 & -L_a\omega_e(t) \\ L_a\omega_e(t) & 0 \end{array}\right]\left[\begin{array}{c} i_d(t) \\ i_q(t) \end{array}\right] + \left[\begin{array}{cc} L_a & 0 \\ 0 & L_a \end{array}\right]\frac{d}{dt}\left[\begin{array}{c} i_d(t) \\ i_q(t) \end{array}\right]$$

以上の計算によって，式 (10.23) が得られる. なお，式 (10.23) の右辺第 3 項の導出は容易なので計算を省略した.

演習問題の解答

第 2 章

2.1 (1) 表 2.2 より，積分要素はコンデンサ，微分要素はリアクトルとなる.

(2) 表 2.3 より，積分要素はバネ，微分要素は質量となる.

(3) 表 2.4 より，積分要素は慣性モーメント，微分要素はねじりバネとなる.

2.2 (1)
$$F(s) = \int_0^\infty (5t + 2)e^{-st}dt$$

$p(t) = 5t + 2,\ dq(t)/dt = e^{-st}$ とおくと，部分積分の公式より，

$$F(s) = \left[-\frac{1}{s}(5t + 2)e^{-st} \right]_0^\infty + \frac{5}{s}\int_0^\infty e^{-st}dt = \frac{2}{s} + \frac{5}{s^2}$$

(2)
$$F(s) = \int_0^\infty te^{-3t}e^{-st}dt = \int_0^\infty te^{-(s+3)t}dt$$

$p(t) = t,\ dq(t)/dt = e^{-(s+3)t}$ とおくと，部分積分の公式より

$$F(s) = \left[-\frac{1}{s+3}te^{-(s+3)t} \right]_0^\infty + \frac{1}{s+3}\int_0^\infty e^{-(s+3)t}dt$$
$$= -\frac{1}{(s+3)^2}[e^{-(s+3)t}]_0^\infty = \frac{1}{(s+3)^2}$$

(3)
$$F(s) = \int_0^\infty e^{-st}\sin\omega t\, dt$$

$p(t) = e^{-st},\ dq(t)/dt = \sin\omega t$ とおくと，部分積分の公式より

$$F(s) = \left[-\frac{1}{\omega}e^{-st}\cos\omega t \right]_0^\infty - \frac{s}{\omega}\int_0^\infty e^{-st}\cos\omega t\, dt$$
$$= \frac{1}{\omega} - \frac{s}{\omega}\int_0^\infty e^{-st}\cos\omega t\, dt$$

ここで，

$$F'(s) = \int_0^\infty e^{-st}\cos\omega t\, dt$$

とし，$p(t) = e^{-st},\ dq(t)/dt = \cos\omega t$ とおくと，部分積分の公式より

$$F'(s) = \left[\frac{1}{\omega}e^{-st}\sin\omega t \right]_0^\infty + \frac{s}{\omega}\int_0^\infty e^{-st}\sin\omega t\, dt = \frac{s}{\omega}F(s)$$

となる.　したがって，

$$F(s) = \frac{1}{\omega} - \frac{s^2}{\omega^2}F(s)$$

より,

$$F(s) = \frac{\omega}{s^2 + \omega^2}$$

2.3　(1) $Y_1(s) = K_0 X_0(s) + K_1 s X_1(s) + K_2 s^2 X_2(s)$

(2) $\dfrac{Y_1(s)}{s} = \dfrac{K_0}{s}X_0(s) + K_1 X_1(s) + K_2 s X_2(s)$

> 注1：$dx_2(t)/dt$ のラプラス変換は $sX_2(s)$ となる．$d^2x_2(t)/dt^2$ は $dx_2(t)/dt$ の微分なので，ラプラス変換は $s^2 X_2(s)$ となる．
>
> 注2：(1) と (2) は微分と積分の関係にある．すなわち，(1) の積分が (2) で，(2) の微分が (1) である．

第3章

3.1　Step 1：時間関数を求める

$$v_o(t) = \frac{1}{C}\int_0^t i(t)dt \tag{1}$$

$$Ri(t) = v_i(t) - v_o(t) \tag{2}$$

Step 2：ラプラス変換する

$$V_o(s) = \frac{1}{Cs}I(s) \tag{3}$$

$$RI(s) = V_i(s) - V_o(s) \tag{4}$$

Step 3：ブロック線図を描く

式 (3) を先に使うと**解図 3.1**(a)，式 (4) を先に使うと解図 (b) のブロック線図を描くことができる．

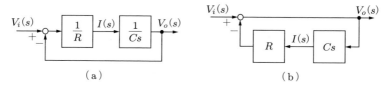

解図 3.1

3.2　ラプラス変換式を以下に示す．

$$R[I(s) - I_c(s)] = V_o(s) \tag{1}$$

$$\frac{1}{Cs}I_c(s) = V_o(s) \tag{2}$$

$$LsI(s) = V_i(s) - V_o(s) \tag{3}$$

　図 3.7 のブロック線図は式 (2) を最初に使ったので，式 (1) を最初に使って，$V_o(s)$ を出力とするブロック線図を描く．つぎに，式 (2) を $I_c(s) =$ の式に変形して，$I_c(s)$ を出力とするブロック線図を描く．さらに，式 (3) を $I(s) =$ の式に変形して，$I(s)$ を出力とするブロック線図を描く．これらのブロック線図を組み合わせると，求めるブロック線図は**解図 3.2**(a) となる．

　つぎに，式 (3) を $V_o(s) =$ の式に変形して，$V_o(s)$ を出力とするブロック線図を描く．また，式 (1) を $I(s) =$ の式に変形して，$I(s)$ を出力とするブロック線図を描く．さらに，式 (2) を $I_c(s) =$ の式に変形して，$I_c(s)$ を出力とするブロック線図を描く．これらのブロック線図を組み合わせると，求めるブロック線図は解図 (b) となる．

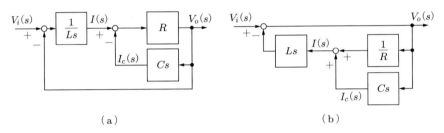

解図 3.2

3.3　ラプラス変換式は問題 3.2 の解答の式 (1)〜(3) と同じである．式 (1) と式 (2) に $I_c(s)$ が含まれるので，入力を $v_i(t)$，出力を $i_c(t)$ とするブロック線図は二つ描くことができる．

　式 (2) を $I_c(s) =$ の式に変形して，$I_c(s)$ を出力とするブロック線図を描く．つぎに，式 (1) を用いて，$V_o(s)$ を出力とするブロック線図を描く．さらに，式 (3) を $I(s) =$ の式に変形して，$I(s)$ を出力とするブロック線図を描く．これらのブロック線図を組み合わせると，求めるブロック線図は**解図 3.3** となる．もう一つのブロック線図は問題 3.4 の答え（解図 3.4(a)）と同じになるので省略する．

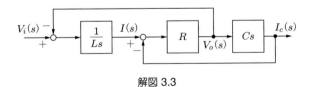

解図 3.3

3.4　$I_c(s)$ を出力とする場合は，$I_c(s)$ の矢印の右側にあるブロックをフィードバック側に移動させて，$I_c(s)$ の矢印が一番右側にくるように図 3.7(d) を変形すればよい．求めるブロック線図は**解図 3.4**(a) となる．

　同様にして，$I(s)$ を出力とする場合は，$I(s)$ の矢印の右側にあるブロックをフィー

ドバック側に移動させて，$I(s)$ の矢印が一番右側にくるように図 3.7(d) を変形すればよい．求めるブロック線図は解図 (b) となる．

つぎに，$I_R(s)$ は図 3.7(d) の $1/R$ のブロックの出力なので，$1/R$ のブロックを $1/Cs$ のブロックの右側に移動させればよい．求めるブロック線図は解図 (c) となる．

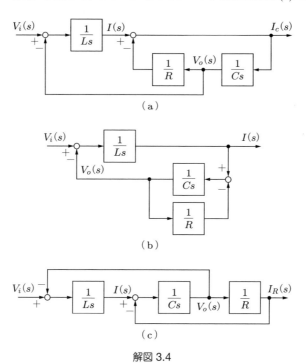

解図 3.4

3.5　ラプラス変換式を以下に示す．

$$M_1 s V_1(s) = F(s) - F_b(s) \tag{1}$$

$$M_2 s V_2(s) = F_b(s) \tag{2}$$

$$F_b(s) = \frac{K}{s}[V_1(s) - V_2(s)] \tag{3}$$

まず，式 (2) を $V_2(s) =$ の式に変形して，$V_2(s)$ を出力とするブロック線図を描く．つぎに，式 (3) を用いて，$F_b(s)$ を出力とするブロック線図を描く．さらに，式 (1) を $V_1(s) =$ の式に変形して，$V_1(s)$ を出力とするブロック線図を描く．これらのブロック線図を組み合わせると，求めるブロック線図は**解図 3.5**(a) となる．

もう一つのブロック線図を求めるためにまず，式 (3) を $V_2(s) =$ の式に変形して，$V_2(s)$ を出力とするブロック線図を描く．つぎに，式 (2) を用いて，$F_b(s)$ を出力とするブロック線図を描く．さらに，式 (1) を $V_1(s) -$ の式に変形して，$V_1(s)$ を出力とす

るブロック線図を描く．これらのブロック線図を組み合わせると，求めるブロック線図
は解図 (b) となる．

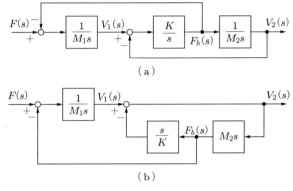

（a）

（b）

解図 3.5

第 4 章

4.1　図 4.18(a)～(d) のブロック線図はいずれも，先に $G_2(s)$ と $G_3(s)$ のブロックを一
つのブロックに結合すればよい．これら二つのブロックは，図 (a) と図 (d) では並列結
合，図 (b) と図 (c) ではフィードバック結合になっていることに注意すると，結合した
ブロックの伝達関数 $G_4(s)$ は以下となる．

- 図 (a)：$G_4(s) = G_2(s) - G_3(s)$
- 図 (b)：$G_4(s) = \dfrac{G_2(s)}{1 + G_2(s)G_3(s)}$
- 図 (c)：$G_4(s) = \dfrac{G_2(s)}{1 - G_2(s)G_3(s)}$
- 図 (d)：$G_4(s) = G_2(s) - G_3(s)$

つぎに，$G_1(s)$ のブロックと $G_4(s)$ のブロックは，図 (a) と図 (b) ではフィードバッ
ク結合，図 (c) と図 (d) では並列結合になっていることに注意すると，求める伝達関数
$G(s)$ は以下となる．

- 図 (a)：$G(s) = \dfrac{G_1(s)}{1 + G_1(s)G_4(s)} = \dfrac{G_1(s)}{1 + G_2(s)[G_2(s) - G_3(s)]}$
- 図 (b)：$G(s) = \dfrac{G_1(s)}{1 - G_1(s)G_4(s)} = \dfrac{G_1(s)[1 + G_2(s)G_3(s)]}{1 + G_2(s)[G_3(s) - G_1(s)]}$
- 図 (c)：$G(s) = G_1(s) + G_4(s) = \dfrac{G_1(s) + G_2(s) - G_1(s)G_2(s)G_3(s)}{1 - G_2(s)G_3(s)}$
- 図 (d)：$G(s) = G_1(s) - G_4(s) = G_1(s) - G_2(s) + G_3(s)$

4.2　図 4.19 の $G_3(s)$ のブロックの入力側の引出し点を出力側に移動すると，**解図 4.1**(a) のブロック線図が得られる．

　また，図 4.19 の $G_3(s)$ のブロックの出力側の引出し点を入力側に移動すると解図 (b) のブロック線図が得られる．

　さらに，図 4.19 の $G_1(s)$ のブロックの出力側の加え合わせ点を入力側に移動すると解図 (c) のブロック線図が得られる．

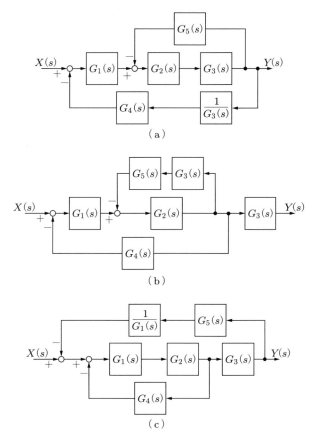

解図 4.1

　解図 4.1(a)〜(c) のブロック線図はいずれも，直列結合とフィードバック結合の法則を適用すると一つのブロックに結合することができる．求める伝達関数 $G(s)$ は次式となる．

$$G(s) = \frac{G_1(s)G_2(s)G_3(s)}{1 + G_1(s)G_2(s)G_4(s) + G_2(s)G_3(s)G_5(s)}$$

4.3　図 4.16 において引出し点の移動を行うと，**解図 4.2**(a) のブロック線図が得られる．
さらに，b_0 のブロックの入力側の引出し点を $1/s^3$ のブロックの入力側まで移動させ
ると，解図 (b) のブロック線図が得られる．

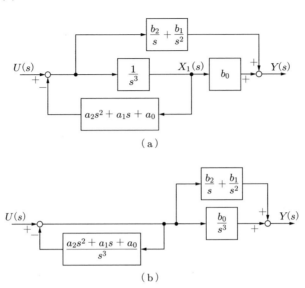

（a）

（b）

解図 4.2

　解図 (b) のブロック線図は，フィードバック結合，並列結合，直列結合の順に結合法
則を適用すると一つのブロックに結合することができ，求める伝達関数 $G(s)$ は次式と
なる．

$$G(s) = \frac{b_2 s^2 + b_1 s + b_0}{s^3 + a_2 s^2 + a_1 s + a_0}$$

4.4　4.5 節の方法を用いると，求めるブロック線図は**解図 4.3** となる．

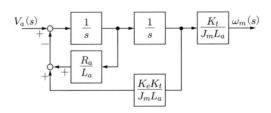

解図 4.3

第 5 章

5.1　(1)
$$Y(s) = \frac{1}{s}G(s) = \frac{1}{s(s+3)(s+4)}$$

なので，$Y(s) = \dfrac{A}{s} + \dfrac{B}{s+3} + \dfrac{C}{s+4}$ とおくと，

$$A = [sY(s)]_{s=0} = \frac{1}{12}$$

$$B = [(s+3)Y(s)]_{s=-3} = -\frac{1}{3}$$

$$C = [(s+4)Y(s)]_{s=-4} = \frac{1}{4}$$

となり，これによって，

$$y(t) = \mathcal{L}^{-1}\left[\frac{A}{s}\right] + \mathcal{L}^{-1}\left[\frac{B}{s+3}\right] + \mathcal{L}^{-1}\left[\frac{C}{s+4}\right] = \frac{1}{12} - \frac{1}{3}e^{-3t} + \frac{1}{4}e^{-4t}$$

と求められる．

(2)
$$Y(s) = \frac{1}{s}G(s) = \frac{1}{s^2(s+4)}$$

なので，$Y(s) = \dfrac{A}{s+4} + \dfrac{B}{s} + \dfrac{C}{s^2}$ とおくと，

$$A = [(s+4)Y(s)]_{s=-4} = \frac{1}{16}, \quad C = [s^2Y(s)]_{s=0} = \frac{1}{4}$$

である．B は $Y(s)$ に s^2 を掛けて微分してから，$s=0$ とおけば求められるので，

$$B = \left[\frac{d[s^2Y(s)]}{ds}\right]_{s=0} = \left[-\frac{1}{(s+4)^2}\right]_{s=0} = -\frac{1}{16}$$

となり，これによって，

$$y(t) = \mathcal{L}^{-1}\left[\frac{A}{s+4}\right] + \mathcal{L}^{-1}\left[\frac{B}{s}\right] + \mathcal{L}^{-1}\left[\frac{C}{s^2}\right] = \frac{1}{16}(e^{-4t} - 1 + 4t)$$

が得られる．

(3)
$$Y(s) = \frac{1}{s}G(s) = \frac{1}{s(s+5)^2}$$

なので，$Y(s) = \dfrac{A}{s} + \dfrac{B}{s+5} + \dfrac{C}{(s+5)^2}$ とおくと，

$$A = [sY(s)]_{s=0} = \frac{1}{25}, \quad C = [(s+5)^2Y(s)]_{s=-5} = -\frac{1}{5}$$

である．B は $Y(s)$ に $(s+5)^2$ を掛けて微分してから，$s=-5$ とおけば求められるので，

$$B = \left[\frac{d[(s+5)^2Y(s)]}{ds}\right]_{s=-5} - \left[-\frac{1}{s^2}\right]_{s=-5} = -\frac{1}{25}$$

となり，これによって，

$$y(t) = \mathcal{L}^{-1}\left[\frac{A}{s}\right] + \mathcal{L}^{-1}\left[\frac{B}{s+5}\right] + \mathcal{L}^{-1}\left[\frac{C}{(s+5)^2}\right]$$

$$= \frac{1}{25}(1 - e^{-5t} - 5te^{-5t})$$

が得られる．

(4)
$$Y(s) = \frac{1}{s}G(s) = \frac{1}{s(s+3+2j)(s+3-2j)}$$

なので，$Y(s) = \dfrac{A}{s} + \dfrac{B}{s+3+2j} + \dfrac{C}{s+3-2j}$ とおくと，

$$A = [sY(s)]_{s=0} = \frac{1}{13}$$

$$B = [(s+3+2j)Y(s)]_{s=-3-2j} = -\frac{1}{8-12j}$$

$$C = [(s+3+2j)Y(s)]_{s=-3+2j} = -\frac{1}{8+12j}$$

となり，これによって，

$$y(t) = \mathcal{L}^{-1}\left[\frac{A}{s}\right] + \mathcal{L}^{-1}\left[\frac{B}{s+3+2j}\right] + \mathcal{L}^{-1}\left[\frac{C}{s+3-2j}\right]$$

$$= \frac{1}{13} - \frac{1}{8-12j}e^{-(3+2j)t} - \frac{1}{8+12j}e^{-(3-2j)t}$$

$$= \frac{1}{26}(2 - 2e^{-3t}\cos 2t - 3e^{-3t}\sin 2t)$$

と求められる．

5.2 (1) すべての係数は正である．

$$H_2 = \begin{vmatrix} 2 & 4 \\ 2 & 8 \end{vmatrix} = 8 > 0, \quad H_3 = \begin{vmatrix} 2 & 4 & 0 \\ 2 & 8 & 3 \\ 0 & 2 & 4 \end{vmatrix} = 20 > 0$$

以上より，伝達関数は安定である．

(2) すべての係数は正である．

$$H_2 = \begin{vmatrix} 8 & 5 \\ 5 & 6 \end{vmatrix} = 23 > 0, \quad H_3 = \begin{vmatrix} 8 & 5 & 0 \\ 5 & 6 & 2 \\ 0 & 8 & 5 \end{vmatrix} = -13 < 0$$

H_3 の値が負なので，伝達関数は不安定である．

5.3 (1) すべての係数は正でないといけないので，$K > 0$.

$$H_2 = \begin{vmatrix} 10K & 6 \\ K & 24K \end{vmatrix} = 6K(40K - 1) > 0$$

となるので，

$$K < 0 \quad \text{または} \quad K > \frac{1}{40}$$

以上より，求める K の条件は $K > 1/40$ となる．

(2) $2K + 1 = K'$ とおく．

すべての係数は正でないといけないので，$K' > 0$．

$$H_2 = \begin{vmatrix} 2 & 4 \\ K' & 3 \end{vmatrix} = 2(3 - 2K') > 0$$

より，

$$K' < \frac{3}{2}$$

である．また，

$$H_3 = \begin{vmatrix} 2 & 4 & 0 \\ K' & 3 & 3 \\ 0 & 2 & 4 \end{vmatrix} = 4(3 - 4K') > 0$$

より，

$$K' < \frac{3}{4}$$

以上より $0 < K' < 3/4$ となり，求める K の条件は $-1/2 < K < -1/8$ となる．

第6章

6.1 (1) ゲインが一定なので比例要素である．さらに，ゲインの値が $0\,\mathrm{dB}$ なので，

$$G(s) = 1$$

(2) 傾きが $20\,\mathrm{dB/dec}$ なので微分要素である．また，交差角周波数が $5\,\mathrm{rad/s}$ なので，

$$G(s) = \frac{s}{5} \quad \text{または} \quad G(s) = 0.2s$$

(3) 傾きが $-20\,\mathrm{dB/dec}$ なので，(2) と逆数の伝達関数（積分要素）となる．

$$G(s) = \frac{5}{s} \quad \text{または} \quad G(s) = \frac{1}{0.2s}$$

(4) $\omega < 5\,[\mathrm{rad/s}]$ の範囲では比例要素，$\omega \geq 5\,[\mathrm{rad/s}]$ の範囲では微分要素となっているので，1次進み要素のゲイン線図である．よって，

$$G(s) = \frac{s+5}{5} \quad \text{または} \quad G(s) = 1 + 0.2s$$

(5) (4) の逆数の伝達関数（1次遅れ要素）となるので，

$$G(s) = \frac{5}{s+5} \quad \text{または} \quad G(s) = \frac{1}{1 + 0.2s}$$

(6) (2) と (5) を加えた形のゲイン線図である．よって，伝達関数は微分要素と 1 次遅れ要素の積となる．すなわち，

$$G(s) = \frac{s}{5} \cdot \frac{5}{s+5} = \frac{s}{s+5}$$

(7) (6) の逆数の伝達関数であるので，

$$G(s) = \frac{s+5}{s}$$

(8) (5) と (6) を加えた形のゲイン線図であるので，

$$G(s) = \frac{5}{s+5} \cdot \frac{s}{s+5} = \frac{5s}{(s+5)^2}$$

(9) (8) の逆数の伝達関数であるので，

$$G(s) = \frac{(s+5)^2}{5s}$$

6.2 ボード線図を**解図 6.1** に示す．また，折れ線近似のゲイン線図は破線で示されている．交差角周波数は $10\,\mathrm{rad/s}$ であり，$2 \le \omega < 50\,[\mathrm{rad/s}]$ の範囲では折れ線近似のゲイ

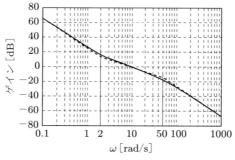

（a）ゲイン線図

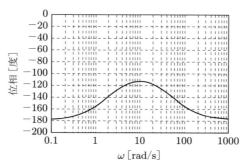

（b）位相線図

解図 6.1

ン線図の傾きは $-20\,\mathrm{dB/dec}$ となり，$\omega < 2\,\mathrm{[rad/s]}$ および $\omega \geq 50\,\mathrm{[rad/s]}$ の範囲では傾きが $-40\,\mathrm{dB/dec}$ となる．第 7 章以降で説明するフィードバック制御系では，開ループ伝達関数のボード線図が解図 6.1 のような形になるように制御ゲインを設定する．

なお，ボード線図を表計算ソフトを用いて描く場合は，問題の伝達関数を $a + jb$ の形式に変形してからゲインと位相を求めなくても，6.2 節で説明したボード線図のメリットを用いると以下のようにして求めることができる．

問題の伝達関数はつぎのように変形できる．

$$G(s) = \frac{250(s+2)}{s(s+50)} = 250 \cdot (s+2) \cdot \frac{1}{s^2} \cdot \frac{1}{s+50}$$

よって，ゲインと位相はそれぞれ次式となる．

$$20 \log |G(j\omega)| = 20 \log 250 + 10 \log(\omega^2 + 4) - 10 \log \omega$$
$$- 10 \log(\omega^2 + 2500)$$
$$\angle G(j\omega) = \tan^{-1}\left(\frac{\omega}{2}\right) - 180 - \tan^{-1}\left(\frac{\omega}{50}\right)$$

また，折れ線近似のゲイン線図を描くときは，$G(s)$ をつぎのように変形すればよい．

$$G(s) = \frac{s+2}{2} \cdot \frac{10}{s} \cdot \frac{50}{s+50}$$

1 次進み要素，積分要素，1 次遅れ要素の積の伝達関数になっているので，それぞれの要素の折れ線近似のゲイン線図を加えればよい．

索　引

著 者 略 歴

小山　正人（こやま・まさと）
　1980 年　東京大学大学院工学系研究科修士課程修了
　2014 年　金沢工業大学電気電子工学科 教授
　　　　　現在に至る
　　　　　博士（工学）

編集担当　藤原祐介（森北出版）
編集責任　上村紗帆・福島崇史（森北出版）
組　　版　中央印刷
印　　刷　同
製　　本　ブックアート

実務者のための PID 制御設計　　　　　　　　© 小山正人　2022
2022 年 3 月 16 日　第 1 版第 1 刷発行　　【本書の無断転載を禁ず】

著　　者　小山正人
発 行 者　森北博巳
発 行 所　森北出版株式会社
　　　　　東京都千代田区富士見 1-4-11（〒102-0071）
　　　　　電話 03-3265-8341／FAX 03-3264-8709
　　　　　https://www.morikita.co.jp/
　　　　　日本書籍出版協会・自然科学書協会　会員
　　　　　JCOPY ＜（一社）出版者著作権管理機構　委託出版物＞

Printed in Japan／ISBN 978-4-627-79241-8